U0542006

张如平　1954年生于山西襄垣，1972年入伍，大学学历，武警少将警衔。历任解放军63集团军宣传处长、纪委办公室主任、师政治部主任、武警总部政治部副秘书长、武警某师政治委员、武警内蒙古总队政治委员等职。中共内蒙古自治区第八、九届党委委员、党的十七大代表。先后在军内外刊物发表理论文章200余篇，出版发行《军队经常性思想工作要则学习问答》、《学府求索》、《警营新生代》、《学会认识自己》等专著若干。创作的歌曲《草原橄榄绿》获内蒙古自治区“五个一工程”奖。

徐正勇　1972年生于湖北武汉，1990年12月入伍，本科学历，现任武警总部司令部参谋，中校警衔。曾任排长、指导员、副科长、秘书等职。著有《和心灵一起跳舞》、《搏风击浪》等。

學會認識自己

Learn to Know Yourself

张如平　徐正勇　著

图书在版编目（CIP）数据

学会认识自己/张如平，徐正勇著．—北京：经济科学出版社，2013.1（2014.1 重印）

ISBN 978-7-5141-2914-4

Ⅰ.①学… Ⅱ.①张… ②徐… Ⅲ.①人生哲学-通俗读物 Ⅳ.①B821-49

中国版本图书馆 CIP 数据核字（2013）第 007282 号

责任编辑：柳 敏 于海汛

责任校对：郑淑艳

版式设计：齐 杰

责任印制：李 鹏

学会认识自己

张如平 徐正勇 著

经济科学出版社出版、发行 新华书店经销

社址：北京市海淀区阜成路甲 28 号 邮编：100142

总编部电话：88191217 发行部电话：88191537

网址：www.esp.com.cn

电子邮件：esp@esp.com.cn

北京市季蜂印刷有限公司印装

710×1000 16 开 15.5 印张 190000 字

2013 年 1 月第 1 版 2014 年 1 月第 2 次印刷

印数：5001—7000 册

ISBN 978-7-5141-2914-4 定价：38.00 元

（图书出现印装问题，本社负责调换。电话：88191502）

序

在全党全国各族人民满怀信心迎接党的十八大的喜庆日子里，张如平和徐正勇同志合著的《学会认识自己》一书即将付梓，请我为之作序，我欣然应允。

张如平和徐正勇同志长期从事带兵育人工作，有着很强的党性观念和深厚的理论功底。《学会认识自己》是他们在繁忙工作之中了解社会、观察生活、不断思考、感悟人生的结晶。书中的“十个学会”既有独到观点，又有鲜活论据，还有辩证解析，表述生动，富有哲理，不失为一部励志育人的佳作。

努力认识自己，是理性、智慧、纯真与道德的统一，是思维、境界、情怀、修养等心灵深处的东西。人生在世，关口无数。从踏入社会起，都会面临功名利禄、苦乐酸甜、成功失败、困难挫折等种种考验，这些考验恰似道道关口，如果把握不住人生方向，把持不好心态情绪，就很可能在喧嚣浮躁的社会中迷失“自我”，甚至失去“自我”。一旦失去“自我”，就会被金钱、名利、地位、面子等遮蔽双眼、迷惑心智、阻碍成长，人格上不能独立，只能活在别人的意识里，徘徊在别人的权威中。而环顾大千世界、茫茫人海，有的人可能了解他人，了解环境，了解历史，了解社会，就是不太了解自己，没有坚定的理想信念，没有博大的胸怀，不能正确对待组织、不能正确对待同志、不能正确对待自己，以至于愤世嫉俗、孤芳自赏，或是走向歪门邪道。正所谓“不识庐山真面目，只缘身在此山中”，自知比知人更难。

“学而有识高境界，思而知进真品格”。人生就是一段从青涩走向成熟的旅程。当前，我们的国家和军队正处在重要的战略机遇期、改革发展的关键时期，前进的征程任重道远，让我们在党中央的坚强领导下，为实现中华民族的伟大复兴而不懈奋斗！

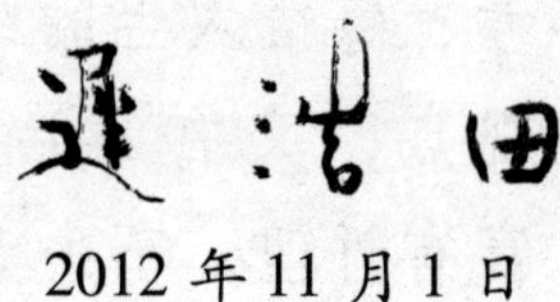

2012年11月1日

目　　录

学会调整，以理性抵御放任

学会放松，以率真抵御假呤

学会比较，以平和抵御虚浮

学会乐观，以豁达抵御偏执

学会逃避，以淡泊抵御诱惑

学会追求，以积极抵御盲从

学会珍惜，以自爱抵御自弃

学会工作，以清醒抵御懵懂

学会忘记，以超脱抵御消极

学会处世，以宽厚抵御功利

学会调整，以理性抵御放任

浩瀚生活海洋从来不会风平浪静，潮起潮落是自然规律。驾驶人生之舟“直挂云帆济沧海”，既要有乘风破浪的勇气，更要有不断修正方向的睿智。

把苦日子过“甜”

苦苦苦，不苦如何通今古。

【清】曹端《书户》

人生就是过日子。或“熬”，或“混”，或“奔”，怎么个“过”法，大有学问。最难也最能体现人的意志和能力的是把苦日子过“甜”。

孙先生因身体不适去看中医，一番望、闻、问、切之后，中医对他讲：“你心里的苦恼事太多，体有虚火，并无大病。”孙先生听后频频点头，于是敞开胸怀大吐苦水。

中医耐心听他说完之后又问道：“你们夫妻感情如何?”孙先生笑着说：“十分融洽，结婚七年从未红过脸。”中医问：“有孩子没有?”孙先生眼里闪出光彩，说：“一个男孩，很聪明，也很懂事。”中医问：“工作上顺不顺心?”孙先生摇头说：“工资都发不了，已经下岗!”

中医边问边写，然后把写满字的两张纸放到孙先生面前，一张写着他的苦恼事，一张写着他的快乐事，对他说：“这两张纸就是治病的药方，你把苦恼事看得太重了，忽视了身边的快乐事。”说着，中医让徒弟取来一盆水，一只猪苦胆，把胆汁滴入水盆中，那浓绿色的胆汁在水中散开，很快踪影全无。中医说：“胆汁入水，味则变淡，人生何尝不是如此?”

一位社会学家讲：“人生就是在苦日子与好日子中循环。”人人都免不了遭遇生活的阴影，像病痛缠身、求职无门、婚恋“报警”，等等，诸如此类的困顿、困苦、困惑都会使人的内心充满愁云。这样的不堪与苦痛往往贯穿于每个人的一生，成为人生旅程中一道不可或缺的“风景”。

虽然没有人愿意在波折苦痛中度过一生，但这并不意味着你的人生就会一马平川，遭遇生活磨难是人所必修的“功课”。再者，世上没有无边的苦痛，苦日子与好日子只是相对的。很多时候，人们面对种种挫折失败乃至不幸，不是因为承受了太多的苦痛，而是因为不善于用快乐之水冲淡苦味。

有个故事是这样讲的：有个人被一只老虎追赶而掉下悬崖，在跌落过程中，他抓住了一棵生长在悬崖边的小灌木。巧的是，两只老鼠正在忙着啃咬悬着他生命的小灌木的根须。他因此非常绝望。但这时他发现附近正生长着一簇野草莓，伸手可及。于是，他拽下一颗塞在嘴里，自语道：“多甜啊！”

苦与甜，乐与悲，往往系于一念之间。阻碍一个人迈向幸福生活的绊脚石不是苦难本身，而是视波折苦痛若猛虎、听任命运安排的自暴自弃的心态。那些心态积极、善于苦中求乐的人，就算天真的塌下来，也绝不会遗弃属于自己的那颗“野草莓”。

在山西工作期间，有次我们到厦门学习，当地的一位朋友专程利用休息日带我们“见世面”，还特意向我们推荐了一个很特殊的鱼市场，说在那里买鱼是一种享受。这使我们十分好奇。

那天天气不是很好，但鱼市并非鱼腥味刺鼻，迎面而来的是鱼贩们欢快的笑声，他们面带笑容，并没有因为生意不好而满脸愁云，有的还互相唱和，充满欢声笑语。

我们问当地的一位鱼贩：“你们在这种环境下工作，为什么会保持愉快的心情呢？”

他说，几年前这个鱼市可不是这样，大家整天抱怨，后来，大家认为与其每天抱怨沉重的工作、艰苦的生活，不如改变工作和生活的品质。于是，他们不再抱怨生活本身，而是把卖鱼当成一种乐趣。

据朋友介绍，鱼贩们还会邀请顾客参加接鱼游戏，即使怕鱼腥味的人，也都乐意在热情的掌声中一试再试，意犹未尽，每个愁眉不展的人进了这个鱼市，都会笑逐颜开地提满了情不自禁买下的商品，心里也似乎悟出一点人生的“道道”。

把人生比做一艘航船，愉快幸福就是顺风，波折苦痛就是逆风。人在“顺风”的时候，大都能掌控好人生的航向，为自己的人生之旅锦上添彩；一旦遇到“逆风”，有的人则会惊慌失措，感到惊惧、痛苦甚至绝望。其实，波折苦痛确如前行路上的一片泥泞、火焰熊熊的一个炼狱，但如果我们都能像那些衣着不堪、过着清贫生活的鱼贩一样，学会在苦涩苦难的生活中发掘快乐，那么再苦再难的日子也能过“甜”。

看过一个资料：从公元600年到1960年，有1243名科学家、发明家做出过1911项重大科学发明和科学发现，他们中的大多数人都曾经历过各样的逆境、贫穷、磨难和不幸。

数据虽然枯燥，却恰恰说明：困苦就像架设在小溪和大海之间的桥梁，也如立在今天与明天之间的一扇门，对于天才是一块垫脚石，对于能人是一笔财富，对于弱者是一个万丈深渊。那些胆小怕事、抱残守缺的人，一辈子只会逃避苦难，毫无目的地在小溪中扑腾，最终一事无成。进而警示我们，要把苦日子过甜，不仅要有积极的心态，学会坦然面对和接纳苦痛，清醒达观地与之相处，还必须意志坚强、目标如一，如此，苦根上也能结出甜甜的果实。

有位出生在偏僻山村的高中生，打小就立志要考上名牌大学。可就在他信心满满、刻苦攻读时，一年内父母先后因车祸和疾病过世，顿时心情沮丧，十分迷惘。班主任老师非常喜欢这个勤学上进的苦孩子，于是给他讲了这样一个故事：从前海边有两个穷兄弟，他们分别驾船到海中央的小岛去寻找宝藏。船行至中途时海上骤起一股狂风，开始兄弟俩都还能控制船的方向，但后来弟弟逐渐支撑不住，索性随波逐流，哥哥却用尽全力掌握着船舵，最终到达小岛，寻到宝藏。还对他讲，其实人的一生就如航行在大海中的船，何去何从完全取决于舵手，只有勤勉有为、意志坚定的舵手，才能驾驶生命之舟到达彼岸。

老师的点拨使这位同学认识到，要想实现自己的理想，就应克服一切困难，不达目标不罢休。于是，他重新扬起生活的风帆，奋发学习。但天意弄人，眼看高考临近，他突然发起高烧，被疑似“非典”隔离观察。躺在隔离室里，他曾试图放弃努力，但每当想起“兄弟寻宝”的故事，他又说服自己静下心来重新拿起书本，让充实的学习伴随自己度过了隔离期。最终，他以优异的成绩被北京一所著名高校录取。

生活的道路丰富而多彩，有鲜花掌声，也有坎坷荆棘；有平坦大道，也有沼泽泥泞。踏上人生之路，不能战胜“苦”的干扰，就不可能结出“甜”的果实；不愿付出艰苦努力，就不可能享受快乐的回报。从这个意义上讲，困苦之于人生，既是一份黯淡的馈赠，也是一杯苦乐相间的“鸡尾酒”，能不能品味到更多的香甜，考验的何止是一个人的心态与意志！

把难日子过“活”

不怕炊不熟，只愁断了火。

【明】吕坤《呻吟语》

“难日子”，顾名思义，即困住让人为难的日子。“难日子”给人添难、让人着难，当然难过。

难就难在心情难受。通常情况下，人在诸事不顺时，心情必定好受不了，除非他有心理疾患。

难就难在时间难熬。人一旦处于困境之中，时间非但不是财富，反而成为一种累赘和折磨，辗转难寐，度日如年，更不可能找到“时光如水”、“时光如梭”、“时光如电”的感觉。

难就难在事情难办。人生固然不以成败论英雄，但好的生活通常来自于好的事业，日子不好过的人别说做大事、成大器，搞不好“喝凉水都塞牙”，想做的事做不成，难做的事摸不着“北”，还可能遭到他人的人讥讽、讪笑和冷眼。

难就难在钱财难得。“钱能生钱”，经济基础雄厚的人，底气足，承受风险的能力强，“滚雪球”的概率也就越大；手头捉襟见肘的人，既没有冒险的资本，也难有承受失败打击的勇气，跑步“钱”进的可能性也就微乎其微。

难就难在是非难断。没有谁愿意惹是生非，但过日子哪有不发生锅碰瓢、勺碰盆的事呢？你不想招惹是非，并不意味着是非不来招惹你；既是是非，必定难以了断，特别是那种似是而非、捕风捉影的是非，主动招惹的也好，被动沾贴的也罢，一旦“惹火烧身”，往往“理不清、剪还乱”，就算能够彻底了断，也需要付出时间、精力甚至物质和精神损耗的代价，这种日子自然好过不了。

难就难在快乐难求。人生的过程实质上是追寻和享受快乐生活的过程。工作上辛勤耕耘蕴涵着快乐，善待生活本身就是一种快乐，拥有人格尊严的人生更是快乐人生。如若工作上处处不顺利，生活上时时不顺心，人际交往上总是不顺意，可想而知这样的日子有多难过，遑论快乐。

……

一言以蔽之，“难日子”之难，难在世事难料、真相难察、真理难辩、前程难测。它就像人生路上要穿过的原始森林，常常让人迷失方向，步入歧途；就像人生路上要经过的沼泽地，常常让人身陷其中，不能自拔；就像人生路上要翻越的雪山，常常让人饥寒交迫，半途而废。如此“非人”的日子，自然没人愿过。但生活就是这样，有咸就有甜，有悲就有欢，有苦就有乐，若是把日子用“好过”或“难过”来划分，真正好过的日子莫说屈指可数，“五五开”总是有的。一帆风顺的人生几乎没有。

既然人人都有“难日子”要过，怎么个过法，能不能过好，就显得尤为重要。只要有沉静从容的气度，自我审视的风范，机智应对的智慧，“难日子”也可以成为登高望远的“垫脚石”，从而把“死棋”走活；否则，它就会成为让人停滞不前甚至一蹶不振的“绊脚石”。

一般说来，“难日子”往往由一连串的难题构成，这些难题又大都隐含着两种可能性，一种是向好的方面转化，一种是向坏的方向发展，其结果的好坏首先取决于当事人是积极面对还是消极避让。生活告诉我们，逃是懦弱，避是消极，退是无能，畏惧不仅是耻辱，更意味着自我毁灭。其实，狮子远没有画上的凶猛，魔鬼也不像描述的那样可怕，难题像只老鼠，只要听到刚健的脚步声，它便会把头缩回洞中；天无绝人之路，再难的问题也有破解它的办法。因而，要把“难日子”过活，就不能怕它，不怕它才不会放弃，不放弃才可能战而胜之。

1948 年，英国牛津大学举办了一个题为“成功的秘诀”的讲座，邀请首相丘吉尔前来演讲。演讲的那一天，会场上人山人海。丘吉尔用手势止住大家的掌声，说：“我的成功秘诀有三个：第一是绝不放弃；第二是绝不、绝不放弃；第三是绝不、绝不、绝不放弃！我的演讲结束了。”说完他就走下了讲台。会场上沉寂了一分钟后，突然爆发出热烈的掌声，经久不息。

生命的真谛在于面对和解决问题的过程。面对问题并寻求解决之道虽然痛苦，但“本领是从困难中学会的”，勇敢面对、绝不放弃、积极解决问题的过程恰恰是人成长成熟的过程。不可否认，生活中的很多事情有时像“大山”一样，凭一人之力甚至多人之力也无法改变或至少是暂时无法改变的，这时仅有愚公那种无所畏惧的战斗精神是难以“移山”的，因而“不怕”只是底线，是把“难日子”过活的基础和前提条件，所谓“得法者事半功倍，不得法者事倍功半”，方法对路才是把“难日子”过活的关键。

一要善于“自励”。美好生活的标准是根可以无限拉长的橡皮筋，人的欲望越大，越过它的难度越大。因此，日子难过时，不妨把人生追求的标准降到人人都拥有的境地。若是已经低得不能再低了，不妨设身处地地想一想身患绝症的人、等待火化的人，再多的艰辛和不如意比起他们，就会发现自己已经很幸运了，就会更加珍惜生命的每一分每一秒，就会重新鼓起迈向新生活的风帆。

二要善于“希望”。希望就是力量。旅人之所以找到绿洲，水手之所以发现小岛，都是因为对前方抱着希望。在很多情况下，希望的力量可能比知识的力量更强大，因为只有在有希望的情况下，知识的能量才能被更好地激发。一个人，即使他一无所有，只要他有希望，他就可能拥有一切，而一个人即使拥有一切，却不拥有希望，那么他就可能丧失已经拥有的一切。所以，请把“希望”当做别针一样地别在胸口，就算日子真的过不下去了，可是已经这样了，为什么不继续怀抱着希望过下去呢?

三要善于“弯腰”。人人都有力所难及的时候，人人都有陷入困境甚至绝境的时候，谁都不可能万事不求人。日子不好过没关系，只要你把自己的难处坦诚地告诉别人，并诚心地向他人求助，被求助者一般不会袖手旁观，即便被人拒绝，也不会因此而使自己失去更多。事实上，越是成熟的麦穗越是懂得弯腰，而越是懂得“弯腰”的人，才会越成熟。

四要善于“抓机”。日子之所以难过，是因为工作、生活中处处都是危机，但危机中既包含着“危险”，也包含着“机遇”。当危机已经发生，不要习惯性地只看到“危险”而看不到“机遇”，只要我们用心去捕捉危机中的机遇，就一定能化危机为转机，从而走向一个新的开始。

把穷日子过“富”

穷且益坚，不堕青云之志。

【唐】王勃《滕王阁序》

穷日子好过也不好过。不好过容易理解。说它好过，是因为“穷则思变”，通过个人的后天努力完全可以改变自己的人生处境。但怎么个“变”法，也是有“讲究”的。

罗某和方某自幼就很要好，成年后一直以兄弟相称。

前些年，由于工厂改制，两人双双下岗，日子一下变得艰难起来，成了惺惺相惜的“难兄难弟”。生活虽然捉襟见肘，好在二人情同手足，甘苦与共，倒也不乏生活乐趣。

为跑步“钱”进，早日脱贫致富，两人结伴到城里打工。哪知打工也不易，辛苦了几个月，却因老板赖账，血汗钱迟迟到不了手。

眼看就要过年了，方某马不停蹄地赶到老板家催账，却扑了个空。他不甘心空手而归，于是走进老板家附近的商场，边逛边等。当他转到卖彩票的摊位时，顿时心动了，用仅有的14元钱买了几注彩票。

几天后，方某接到罗某的电话，邀他到城里一起要账。当天下午，二人路过老板家附近的商场，看到许多在那里看中奖号码的人，也挤了上去。投注站的工作人员看过方某的彩票后，顿时目瞪口呆，这不是特等奖的中奖号码吗？但为保护他中奖的秘密，便忍住惊讶，朝他眨了几下眼示意说："小伙子，你有福气，中了三等奖。"此时，方某已看到黑板上公布的中奖号码，接过彩票，翻来覆去地对照号码说："我的号码全对，怎么会是三等奖，我中的是特等奖。"投注站人员连忙催促说："快走吧。"

回到租住房内，二人将门拴上，罗某说："哥呀，你这么多钱怎么花呀！"羡慕的目光在方某脸上扫来扫去，"真想不到你会有这么大的福气。"接着，两人商量如何去省城彩票中心领奖。但方某连去省城的路费都没有，于是罗某说：咱们先到我亲戚那里借一笔路费吧！沉浸在激动之中的方某这才如梦方醒，感激地连连称好，并说："等我把钱领来了，给你10万元。别在这里打工受苦，就回老家吧！"

次日上午，两人来到罗某亲戚家。在罗某亲戚家里，方某又拿出彩票，激动得走来走去。最后决定按彩票上面的电话号码给省体育彩票中心打个电话，询问一下兑奖事宜。而此时，妒火中烧的罗某已想好了如何将这笔巨款据为己有的"主意"。他假装若无其事地从方某手中抽走彩票，说："让我再看看。"

方某根本没在意"好兄弟"的举动，真以为罗某只是"看看"而已。直到他打完电话，这才发现罗某已经没有了踪影。方某懵了，随即发疯般地跑了出去，立即搭乘去省城的汽车。3个多小时后，他急急忙忙地赶到省体育彩票中心，工作人员告诉他，还没人来兑奖。这消息让他稍稍喘了一口气。

罗某将彩票骗到手后，由于心慌，没敢直接到省体育彩票中心去兑奖，而是住在朋友租住的地方，并打电话向家人谎称，他和方某买了一注彩票，中了500万元的大奖。然后，他又给方某的家人打电话说："彩票是我俩一同去买的，你家必须分给我一半的钱，否则，别想拿回这张彩票。”方某的家人为了尽快拿回彩票，答应给罗某100万元，但罗某嫌少，说什么也不肯交出彩票。

见协商无果，方某的妻子向派出所电话报案。接报后，派出所立即向上级公安局报告。

当晚，公安人员赶到省城。在民警的安排下，方某与罗某通了电话。但罗某的口气仍然很强硬，坚决要求与方某平分巨款。为使自己的无理要求“合法化”，罗某竟天真地要求方某到公证机关去公证。方某在电话中假称同意其要求，并约定次日在省公安厅附近见面。

两天后的中午，应约而去的罗某被设伏的民警抓获。民警立即对他进行突审。次日，罗某被迫交代，彩票已交给未婚妻带回了老家。公安局随即宣布对罗某刑事拘留。

之后不久，经警方缜密侦察，终于在罗某舅舅家堆放垃圾的角落里，找到被密封在一个小瓶子里的那张彩票。

围绕500万元巨奖上演的这幕人生活剧，启发我们参悟人生过程中蕴涵着的“致富经”：

首先，一个人生活品质的高低，与清贫还是富裕并无本质的联系。有的人虽然日子过得紧巴些，却能笑口常开；有的人虽然腰缠万贯，却少有笑颜。这说明，生活品质的高低与物质财富的多寡不能天然地划等号。清贫固然会使人的物质生活质量打些折扣，但只要你还有理想信念和人生追求，照样能够活出人生的高品质。

其次，“逐富”是人的本能，也是人固有的上进心使然，但必须遵循事物发展的客观规律。谁不想把小日子过得红红火火呢？向往和追求美好的生活，从某种意义上讲，是人类之所以存在的重要思想基石。邓小平同志有句名言：“贫穷不是社会主义。”但人在脱贫致富的过程中，必须谨守做人的道德底线和事物及社会发展的一般规律，不能违背道德良知，更不能越轨“闯红灯”。俗话说，“君子爱财，取之有道”，不义之财虽然能使人一时“脱贫”，但终究是“兔子尾巴长不了”。

最后，能不能把穷日子过富足，操之于“我心”。由于每个人在先天上存在着差异性，“均贫富”是不现实的。虽然没有人愿意一直清贫下去，但能否脱贫不仅仅取决于个体的性格、品德、能力素质，有时更多地取决于一个人面对贫穷时的心态。那些总是把目光驻足在贫穷带来的阴暗面的人，只会活在怨气冲天、牢骚满腹的日子里，不是自暴自弃，就是过度叛逆。事实上，只要我们抬起头，阳光就在眼前。让阳光给自己一个机会，阳光才会温暖你的心灵。有了阳光的心态，心灵就像自动输入各种抗体，再厉害的病毒都难以入侵心灵；有了阳光的心态，心灵就像装置了最先进的夜视仪，即使在黑夜里，也能发现光明。把更多的注意力放在阳光面上，才会获得正确的人生导向和源源不断的进取力量，如此摆脱贫穷的阴霾也就不是一件太难的事。

把富日子过“紧”

奢侈之俗，日日以长，是天下之大贼也。

【西汉】司马迁《资治通鉴》

2006年3月4日，胡锦涛总书记在全国政协十四届四次会议参加讨论时，提出了以坚持“八荣八耻”为基本内容的社会主义荣辱观。其中之一，就是要“以艰苦奋斗为荣，以骄奢淫逸为耻”。胡总书记的谆谆告诫警示我们，越是在这个繁花似锦、精彩纷呈的时代背景下，越是社会物质文化高度繁荣，越是要把富日子过“紧”，牢记和保持谦虚谨慎、艰苦奋斗的优良传统和作风。

然而，在条件艰苦的情况下讲艰苦奋斗容易，在条件优越的情况下讲艰苦奋斗则很难。伴随着国力的增强、人民生活水平的不断提高，艰苦奋斗这一中华民族的优秀品质、宝贵精神财富和生生不息之根，在一些人的头脑中日渐淡漠。有的认为，艰苦奋斗是经济不发展时期和艰苦动荡的战争年代的产物，现在生活富足了，日子好过了，没必要把自己变成“苦行僧”；还有的认为艰苦奋斗是小气的代名词，如果物质条件许可，讲讲排场、摆摆阔气，既显潇洒气派，也是为刺激消费、拉动内需的国策做贡献，两全其美，“一箭双雕”。

在这些错误思想观念的支配下，社会上的奢侈之风愈刮愈烈，18 万元一桌的“黄金宴”、36 万元一餐的“满汉全席”有人争着吃，标价千万的豪车大款、富翁争着买。堪称“经典”的是，面对上海黄浦江畔十多万元人民币一平方米的景观房，一位老板激情抢购后骄傲地放出话来：“我的厕所可以全景式鸟瞰外滩。”

由此及彼，睹事思人，感叹之余，我们不禁想起毛主席在 60 多年前说过的一句话：

1949 年 3 月 22 日，是毛主席率领党和人民军队从西柏坡动身前往北京的日子。在这个象征着党辉煌革命胜利，从此将成为新中国主人的时刻，毛主席应该高兴才对，可他不仅没有表现出太多的振奋和喜悦，反而在起程时不无忧虑地说：今天是进京赶考的日子。

无疑，这是一句意味深长的话。这句话适用于当时特殊的历史条件，适用于过去、现在、将来，适用于党、国家、军队，也同样适用于团体、个人以及社会各阶层，即在任何时候、任何环境条件下，艰苦奋斗的光荣传统和优良作风都丢不得，而且越是随着物质生活的不断改善，越要警钟长鸣，谦虚谨慎、艰苦奋斗。这是精通历史、善于总结吸收古人经验教训的毛主席得出的醒世恒言，也是历史和现实对我们的警示。回眸浩瀚的历史星空，成由勤俭败由奢的事例数不胜数、不胜枚举：

被称为“千古一帝”的秦始皇，继先世遗烈，连战连捷，终于灭亡六国，一统天下。然而，随着国力财力空前富足强盛，他由放松以至于放纵，穷奢极侈，因奢失德，丧尽民心，结果万世基业毁于一旦。

创造了“开元之治”的唐玄宗，即位之初，励精图治，艰苦奋斗，社会物质文化高度繁荣，杜甫《忆昔》诗里赞颂道，“忆昔开元盛世日，小邑犹藏百家室。稻米流脂粟米白，公私仓廪俱丰实。九州道路无豺虎，远行不劳吉日出……”但到了开元后期，唐玄宗生活上奢靡日增、迷恋酒色，宠爱杨贵妃到了不理朝政的地步。安禄山见唐室腐败，武备废弛，乘机发动了长达八年的“安史之乱”，使唐朝从此走向衰落。

号称“天王”的太平天国领袖洪秀全更典型。在夺取政权之前，他统帅太平军英勇杀敌，攻克600座城池，立国建号，定都南京。但夺得政权之后，洪秀全带头腐败，坐享荣华，人称“江山夺半壁，美女占一群”。其他首领也纷纷仿效，大小官吏群起而贪赃枉法，结果，忘记了艰苦奋斗本色的太平天国政权仅仅维持了11年。

……

“忧劳”可以兴国，“逸豫”可以亡身。贪图安逸、奢侈腐败，是一杯含有剧毒的“美酒”，一旦抵抗不住它的诱惑，就会在不知不觉中走向歧途。在被称为新中国“开国第一刀”案件中人头落地的刘青山、张子善是如此，在改革开放、建设社会主义市场经济大潮中落马的王宝森、成克杰等都是如此。这些曾经为人民做过有益工作的精英，就因为在金钱和享乐面前，没能经受住诱惑和考验，偷喝了这杯“美酒”，“醉”后醒来方知“德从俭出，恶从奢始”的道理。

“千里之堤，溃于蚁穴”。一旦忘记了艰苦奋斗的传统，最终只会在追求享乐的歧途上越滑越远。反过来，那些始终保持艰苦奋斗本色的人，都成为广为社会传诵的先进典型，他们的事迹被人们广泛学习和弘扬。比如“活在我们心中的雷锋”、“一心一意为民的焦裕禄”、“甘当孺子牛的孔繁森”，等等。

按说，历史启迪后人，古今中外有了教训，牢记和保持住艰苦奋斗的本色就行了，为什么手头越宽裕、生活越富足，人们的艰苦奋斗精神反倒走下坡路？细究起来，在于一些人的荣辱观错位。因此，要刹住社会上、生活中的奢靡浪费之风，绷紧每个人头脑中的艰苦奋斗之弦，最根本的是要把当前的富日子过“紧”。

一是不能富而忘形，而要富而思德。俗话说“乐极生悲”，过度放纵自己的欲求，花钱没有计划性，有多少花多少，甚至以“负翁”为荣，再厚实的家底也可能耗尽。而且，人作为社会的细胞，应有公德之心，凡事不能由着自己的性子。虽说怎么花钱、花多少钱是个人自由，从法律上讲不犯法，但不要忘记了一个基本道理，财富是社会的，谁都没有理由浪费和追求奢侈，否则，既失德，也是对子孙后代不负责任。

二是不能富而忘本，而要富而思源。物质财富是靠每个人后天创造累积起来的，生来就坐享荣华的人几乎没有。想想奋斗过程的艰辛，一分一厘的来之不易，你奢之何忍？所谓“俭以养德，俭以戒奢，俭以防腐”，艰苦奋斗这一安身立命之本什么时候也抛弃不得。

三是不能富而忘志，而要富而思进。人是要有点儿精神的。小进则安只会不进则退，即便富甲一方、富可敌国，也不能因此丧失应有的进取之心。如果仅仅把目光停留在物质财富的享受上，这样的人生只能是低层次的。人活一世，还应有更高层次的追求——精神上的富足。这是提升人生品质的必由之路。

把好日子过“高”

好事尽从难处得，少年无向易中轻。

【唐】李咸用《送谭孝廉赴举》

穷日子往往不好过，那么好日子呢？

与穷日子相比，好日子理应好过得多。可在现实生活中，不少人的财富越来越多，笑容却越来越少；住房越来越大，心情却越来越差；生活条件越来越好，牢骚越来越多。这就怪了，好日子怎么就过不出高质量、高品质呢？要回答这个问题，有必要分析分析好日子的标准。概而言之，至少有六条：一是有钱花；二是有事做；三是有人爱；四是有可持续性；五是有安全感；六是有成就感。

先说“有钱花”。富足的日子不一定是好日子，但好日子一定要以必要的经济基础作保证。问题是，有多少钱才算“有钱花”呢？生活中，有的人领着不菲的高薪，但他们的日子过得并不舒心；有的人荷包鼓鼓，却“穷得只剩下钱”，日子过得还不如普通百姓快活。究其根源，是因为他们中的不少人觉得自己的钱“不够多”。这么看，好日子虽然离了钱不行，但又不能简单地将其与钱的多少划等号，“够花”就是“有钱花”。

次说“有事做”。当一个人没有物质生活上的后顾之忧后，放弃工作，放弃学习，整天无所事事时，便会觉得心里空落落的。这样的日子持续的时间越长，越发觉得日子过得无聊而难熬，让人难以忍受。由此可见，好日子必须以“有事做”做依托，游手好闲，或者有事不愿做，这样的日子不但不会给人以轻松之感，反倒是一种精神上的折磨。

再说“有人爱”。有对小夫妻，男主人是外企经理，女主人是国家公务员，两口子的收入加起来十分可观，小日子理应过得不错。可好景不长，由于男主人“花心”，个人生活不检点，结果家庭里“内战”连连，日子过得一塌糊涂。此事说明，好日子离不开亲情、友情、爱情的滋养，也少不了对自己所获得的爱的回馈，而且这些“爱”不能太随便，否则，再好的日子也无法“长治久安”。

“有可持续性”，意即“好日子”的“好”是在期待之中的，而非意料之外的。比如说一个富足的人，他如果想吃海鲜了，就可以去一个喜欢的餐厅解解馋；他什么时候想吃，就可以什么时候再去餐厅吃一顿，也就是说，他吃海鲜这件事情是可以重复的，而非像乞丐一样只能每天期待“意外”给自己带来惊喜。所以，好日子至少是一段日子，有一定的长度，不能靠碰运气，不能一天两天好、今天好明天就不好。这样的日子不能算是好日子。

“有安全感”，是指好日子是用“安全”营造的。比如说钱，挣得越多越必须是“安全的钱”，即合法所得的稳定收入，不能是那种“十年不开张，开张吃十年”的野路子，更不能是非法渠道所得。如果你钱挣了不少，却是通过旁门左道甚至贪污受贿、走私贩毒得来的，那么，这些钱给你带来的“好日子”肯定长久不了，像一颗定时炸弹一样随时会在你头顶上爆炸。因此，好日子的前提是稳定，无论是有钱花的“钱”，还是“有事做”的“事”，以及“有人爱”的“爱”，必须具备稳定可持续发展的性质，不能过“冒”了，否则就会寅吃卯粮、捉襟见肘；更不能过“偏”了，不然就会过到死胡同，过成死路一条。

“有成就感”，主要是就人的精神层面而言。人都渴望成就感，因而好日子离不开“成就感”的装点。但成就感不能太强，太强就成为负担，成为负担以后，就会偏离好日子的轨道；也不能太弱，太弱就使生活失去了意义。有位同事觉得自己活着最大的自豪来自于他的孩子，他的孩子小的时候比同龄人都聪明活泼，却意外没有考上大学，不但没有考上大学，而且根本不喜欢念书，朋友花了好大一笔钱送孩子去美国留学，结果他天天去赌场玩儿。于是这位同事就觉得挣再多的钱也没有意思，工作也没有意思，整天愁眉苦脸，谁劝也没有用，提起来就是“家门不幸”，实在是很失败。这说明，好日子无论如何要在物质基础上带些精神色彩，否则不大可能好到哪儿去。

好日子应该具备的这些标准启示我们，穷日子难过的是肚皮，好日子难过的是心情。因为好日子没有止境、弹性太大，对每个人的心灵诱惑也很多。所以，要把好日子过出高质量、高品质，关键在于心理平衡。概括起来，心理平衡的要诀在于做到“三个三”。

一是要做到“三个正确”。正确对待自己，不超越自身所处的环境、条件以及能力素质，少些非分之想；正确对待他人，心中常怀善念，少犯“红眼病”，舍得把爱给予他人；正确对待社会，始终以感恩的心态对待得失。这样我们在忙碌的人生中才能多一点自我心灵的认识，少一点名利的追逐，多看事物的积极面，少看事物的消极面，多一些境界的提升，少一些物欲的沉沦，进而在过上好日子后，把好日子过得更好。

二是要做到“三个既要”。既要全心全意奉献社会，又要尽情享受积极向上的快乐人生；既要在事业上力争一流，又要有一颗平常心，甘于过平淡无华的日子；既要精益求精于专业知识，又要有多姿多彩的业余爱好。这样，我们的心境和情绪、认知和感受才能有深度和广度，不以好日子喜，不以难日子悲。

三是要做到“三个快乐”。顺境时要助人为乐，在付出中升华自己的人格，净化自己的心灵；逆境中要自得其乐，不自暴自弃，始终对自己充满信心；还要知足常乐，不盲目攀比，懂得见好就收。这样我们才能从技术层面上的物质丰富和人性层面上的精神需求平衡起来，既“看透”人生，又不“看破”红尘，把好日子过得更快乐。

说到底，只要我们能够做到生活上满足，精神上充实，修养上加强，身体上健康，就一定能够把好日子过出高品位、高品质。

学会放松，以率真抵御假吟

善用表的人不会把发条上得过紧，善驾车的人不会把车开得过快，善操琴的人不会让琴弦绷得过硬，善养生的人则会经常保持轻松愉快的心情。人生的张弛之道在于尊重规律、善于扬弃，懂得适时和适度“放飞”心灵。

走能走的路

路当坦处，亦防倾斜。

【清】田松岩《题劳山杖诗》

“世上本无路，只不过走的人多了，才成为路。”鲁迅先生的这句箴言说明，路是人走出来的；也启发我们，走什么样的人生之路、如何走好人生之路，是有前提的，绝不能随心所欲、想怎么走就怎么走。

现实生活中，乘车走错了路，大不了改过来、绕绕远。而人生之路一旦走错，可就没有那么简单了。听朋友讲过这样一件事，有两兄弟，早早没了父亲，靠母亲带着兄弟俩艰难度日。后来，弟弟考上了重点中学，当哥哥的决定退学挣钱供弟弟读书。

不久，在广州打工的哥哥接到弟弟考上大学的来信。哥哥既兴奋又焦急，因为弟弟急需的 3000 元学费还没着落。当天晚上，他晚饭也没吃就骑车四处借钱，可借遍亲朋好友也只借到 200 元。

骑车返回的路上，哥哥走一路哭一路，想起父亲临终前嘱托他带好弟弟的情景，他狠狠心，决定冒险去偷，当晚就在一家服装厂员工宿舍偷得一部手机和近万元现金。谁知第二天，他就被抓到了看守所。

弟弟得知哥哥因偷东西坐牢，写信告诉他：“我永远不会原谅你！”哥哥得知贫困大学生可申请缓交、减免学费的政策后，后悔得直往墙上撞。

人生的道路虽然漫长，但紧要处常常只有几步，一步走错，步步走错，很难调头，更难回头；即使重新来过，也是有“成本”的——或时间虚度，或财力耗费，或失去自由，甚至葬送身家性命。

当法院以抢劫罪依法判处高某有期徒刑十年时，被告席上的高某顿时泣不成声。高某曾是一名退伍军人。服役期间，他是领导和战友公认的好士兵，受过多次嘉奖。退伍后，他在某市一家公司找到一份清闲的工作，并与同样喜欢上网的同事阿海成了好友。由于工资不高，手头时常捉襟见肘，两人一拍即合，产生了抢劫“来钱快”的想法。一番准备之后，他们共同作案7起，案值十余万元。

高某从一名曾经的优秀士兵沦落为阶下囚的惨痛教训警示我们：要走好人生之路，前提是“走自己能走的路”。

走自己能走的路，首先要清楚哪些“路”不能走。

“弯路”不能走。一方面，人都希望走“直路”，但绝对直的路是没有的，有谁能够一直向前，又有谁可以平步青云？另一方面，“两点之间，直线最短”，若是有“直路”不走非要走“弯路”，岂不是自讨苦吃，给自己找别扭？当然，“弯路”往往不可逆，但只要不认命，懂得回避，及时做出正确选择和修正，“弯路”也可以扭转为“直路”。

“邪路”不能走。邪路即邪道，即不正当的门路和途径。虽然歪门邪道省时、省心、省力，容易获得成功，也有不少走歪门邪道的人活得很“潇洒”，但这并不等于邪路可以直通“罗马”。环顾周边，真正取得成功的人，有几个是靠歪门邪路发家致富、平步青云的？又有几个走了歪门邪道的人有好下场？想想这些，再看看贪官污吏、地痞流氓的下场，邪路能走吗？

“违心的路”不能走。人生会碰到无数个路口，该向左还是该向右，该向前还是该向后，有目标、有主见才能走好。违背自己的意愿，走自己不想走、好走也不愿走的路，走得违心，走得无奈，走得不甘，走得懒散，自然也就走得沉重，走得“没意思”，走得窝心。

……

结论是：人生能走的只能是“正路”——靠勤学苦读长才干；靠真才实学干事业；靠真本事发家致富；靠真心实意为民谋利……通过一切正当、合法、得民心的方法途径，来实现每个人的自我人生价值。

走自己能走的路，还包括另外一层意思：就算是正路，若是自己的能力水平不够，或者这条路虽然很好却并不合自己的“脚”，能走也得掂量掂量，不然，就算有决心、有信心、有勇气，也是会“摔跤”的。

拿南唐后主李煜来说，绝对不是当皇帝的料，没有一丁点儿兼济天下的能力，却是史上难得的艺术顶级人才，在中国艺术史上有重要影响。此人擅长作词，成就很突出。唐朝的诗可以说在史上达到了一个顶峰，宋朝很难超过。源于宴席上伶人助兴的“曲子词”，到了李煜这里，他把词发展到能与唐诗相媲美的艺术作品，堪称一代词宗、“千古词帝”。应该说，他作为艺术家的才华是不容置疑的，但是作为一国之主，他既不懂管理之方，也不会用人之术，是一位十足的末代昏君。由于穷奢极侈，不理国事，整个南唐社会陷于停滞腐朽状态。直到宋朝军队打进城里，李煜居然还在和小周后对诗。

“狼走千里吃肉，羊走千里吃草。”人生之路有起点也有终点，各人也有各人的活法，但“走路”的规则却是一样的：正确的信仰加上正确的目标选择和正确的走法，才是合体、合身、合脚的人生路。

干爱干的事

心怕二三，情怕一。

【明】吕坤《呻吟语》

人活着就得干事。干事是生活的基础，干事是幸福的源泉，干事是走向成功和辉煌的途径。想创造未来，就得干事；想寻找幸福，就得干事；想实现梦想，就得干事。不干事，别说理想追求实现不了，连正常的衣食住行都难以保障。

干事，也要看干什么事，干自己不想干、没兴趣干、没热情干的事，干得累不说，也不大可能干出“名堂”。有位地方名牌大学毕业的本科生，颇为精通计算机技术，特招入伍后，本想在自己专长和感兴趣的计算机维护、修理领域有所建树，不曾想入伍后被分配到基层带兵。由于他军事素质不怎么样，本人也对带兵热情不高，几年下来，不仅工作没干好，还因违纪受了处分，最终被安排转业回了地方。

如此看来，干事就得干爱干的事；干爱干的事，首先要想干事，连想都不想，何谈“爱”？

想干事，说明有良好的精神状态，体现的是一个人的事业心和责任感。有了这样的事业心和责任感，才能脚踏实地、兢兢业业、一门心思干事业。若是贪安逸、图自在，不如不干事。

《参考消息》上登载过这样一篇文章，说日本虽是垃圾生产量最多的国家之一，但在大街小巷上几乎看不到垃圾的痕迹。原因是日本城市里规划有卫生区，每个区都规定了一周丢两次垃圾的日期，每到垃圾日，日本人便自觉地把用塑料袋装好的垃圾送到指定的地点，由垃圾车运走。

看罢这篇文章，不禁想起一位“爱干净”的朋友，他对乱丢垃圾的人和事很看不惯，经常发些愤世嫉俗的牢骚，事后却照样随手乱丢垃圾。把这两件不大相干的事一对比，悟出这样一个道理：想干事还得肯干事，想到就做，动真的，来实的；“光说不练”，那是“假把式”，也是对自己的前途命运不负责任。

也有“肯干事”的。某地一位主管农业的副县长，颇为积极地给养猪户出了个“金点子”——用百分之十的“希望精”兑盐水喂猪。他的本意是快速育肥，结果却出现猪跳槽、咬架和狂躁现象，“金点子”成了“馊主意”。这说明，肯干事还得会干事。

会干事是本领，是水平。会干就是巧干，顺应规律干，依靠群众干，创造性地干，还要“干净”地干“干净的事”。

“干净”地干事，就是没有非分之想，不搞歪门邪道，廉洁自好；干“干净的事”，就是要多干且干好得民心、顺民意的好事、实事。

“干净”地干“干净的事”，是会干事的前提，也是干好事的重要保证。特别是对有一定职权的党员干部而言，既要履行好干事的“本分”，不干事、不能干事，就是一个“庸官”；又不能“不干不净”地干些“不干净的事”，否则，越是“会干”，给国家和社会带来的危害就越大。

从新闻报道中得知，著名京剧表演艺术家袁世海先生之所以舞台形象神采过人，秘诀就在于他多年如一日地坚持多看、多练、多实践。在袁先生家的客厅里贴着他的练功课目表，练功课目表的题头醒目地写着“天天练”三个字。表上的练功项目共有11条：压腿（每腿6～10次）；踢腿（100次慢踢，50次紧踢，50次快踢）；片腿（20次）；丁字腿（20次）；跨腿（20次）；八段锦（40次）；软赞子（20次）；左右飞脚（各5个）；串飞脚（6～10个）；虎跳（6个）；飞脚旋子（4个）。

袁先生的成功之道启示我们，会干不实干也是行不通的。有谁见过不付出一番艰辛和努力就能取得成功的天才？那些不愿意付出艰苦努力的“天才”变“庸才”的事例倒是屡见不鲜。

想干、肯干、会干是干成事的基础和前提，是必要和充分条件，但能不能干成事，还取决于一个人能否脚踏实地行事做人。平心而论，能够干成一番轰轰烈烈大事业的人毕竟是少数，多数人在多数情况下只能做一些具体的事、平凡的事，但这就是日常的工作和生活，是成就大事不可缺少的基础。因而，一个人要想成点事，就必须从点滴入手、小事做起，天天想大事、干大事是不切实际的，即便真有那么多大事让你干，可你连小事也没干好过，谁相信你能干好大事？

东汉时期有个名叫陈蕃的少年，独居一室，而庭院龌龊不堪，他父亲的朋友薛勤批评说：“孺子何不洒扫以待宾？”他却说：“大丈夫处世，当扫除天下，安扫一屋？”薛勤当即针锋相对：“一屋不扫，何以扫天下？”

这个典故恰恰说明，小事不愿干，无以成大事。所谓“不积跬步，难以至千里”；不积小流，无以成江海。世上无小事，简单不等于容易。花大力气做好“小事情”，才能把成就大事业的基础夯扎实。若是“做事贪大，做人计小”，眼高手低，其结果必然是一事无成，虚度光阴。

也许有人会说，让爱因斯坦去扫院子，让牛顿去洗衣服，让航天英雄杨利伟去烧开水岂不是笑话？其实不可笑。说这话的人多半是误解了“扫一屋”的内涵。且不说爱因斯坦扫没扫过院子，牛顿洗没洗过衣服，杨利伟烧没烧过开水，就是真让他们去扫扫院子、洗洗衣服、烧烧开水，不行吗？错了吗？

“扫一屋”不等于否定干大事；干大事必须“小事皆能”。拿当兵来说，哪个人不想当将军？可有的官兵一旦自己的愿望和理想没能实现，就开始怨天尤人，埋怨没有出头露脸、干大事的表现机会，进而自暴自弃，混天度日。事实上，“大名垂于千古者，必先行纤维之事。”只要立足本职，从日常的训练、执勤以及生活等细小的方面做起，干一行，爱一行，钻一行，专一行，把“小事”做出色，久而久之，也能在平凡的岗位上做出不平凡的成绩。

一位成功人士曾经这样形容他心中的幸福：“不生病，不缺钱。”其实应该再加一句：干爱干的事，干好爱干的事，方能在人生舞台上把大角色演绎得更出彩。

服应服的气

气忌盛，心忌满。

【明】吕坤《呻吟语·人品》

什么情况下应服气？先看应服气时不服气的教训：

有一天，在南方某市一小区的一个角落里，发生了一幕触目惊心的惨剧：一中年男子在5名年轻人的围追堵截、拳打脚踢下，一边喊救命，一边挣扎着试图冲出重围，突然间，5名年轻人中的一个高个子拔出一把长约15厘米的水果刀，顺势朝他的臀部捅去……被捅的中年男子姓陈，是赌场的“庄家”；捅人的人姓钟，是陈某的赌友。

事情的起因源于两个月前：这天，陈某驾驶自己的微型汽车，把一批原料拉到钟某的厂里后，突然赌瘾发作，拉钟某赌博，钟某欣然应允。可不到半天时间，钟某就将随身所带的近万元现金输个精光。

钟某输钱后颇不服气，认为陈某“做庄”时动了手脚，却苦于没有证据。巧的是，另一个与他有生意往来的杨某让他找到了“出气”的办法。

这天中午，杨某约钟某到他的出租房喝酒，另有三人作陪。酒过三巡，杨某见钟某心事重重，欲言又止，就问他：“你如果把我当朋友，就直说吧，有什么大事难事，我替你扛着。”钟某一一道出两个月前被“诈赌”的过程。杨某听后火冒三丈，拍着胸脯说：“我们几位兄弟给你摆平，你放心好了。”钟某一听心中大喜：“兄弟有这个心，我会记住的。”当即带着杨某等人去找陈某“出气”。

陈某不在家，钟某立刻给他打电话。陈某一听钟某的口气，心里有点儿虚，没有告诉他自己在哪里，只是在电话里说：“我很快就回去，你有话直说吧。”钟某说：“你把骗我的钱还给我就算了，否则你看着办。”陈某没说话，把电话挂了。

没多久，钟某又打陈某的手机，陈某以为他是喝了点酒，发发酒疯，不当一回事，便告诉他：“我在快餐店吃饭。”放下电话后，钟某、杨某等五人，分乘两辆摩托车赶到快餐店，于是便发生了本文开头的那一幕。

这是一起因赌博引发的刑事案件。钟某因赌博输了钱不服气，遂纠集杨某等人殴打庄家陈某。结果，他的“气”倒是出了，人也进了班房。

服气，就是信服、诚服，屈服于一时，并不是一个人无能的表现。通常情况下，别人能力、水平、业绩、威信比你强，你应服气；自己做错了事，亲人、朋友、领导批评帮助你，你应服气；组织或他人办事公道、处事得体，你应服气；违法乱纪、受到法律制裁，更应服气。

还有一些时候、一些情况下，你不服气也不行。比如，父母对你唠叨，你要服气，你不服气，又怎么办呢？上级对你严格要求，你也要服气，你不服气，又奈何呢？天冷了，必须添加衣服，你不服气，只有着凉生病；房子漏雨了，需要花钱修理，你不服气，偏不修理，更加不能安住；医生替你打针、开刀，你都要服气，如果不服气，病就好不了……

人是社会的人，正因如此，谁都不可能做到随心所欲。若是应服气时偏不服气，非要硬“挺”着，要么自个儿憋气，自找不痛快；要么心理不平衡，搞歪门邪道，瞎出气，如此一来，上述陈某人的下场很可能就是你的前车之鉴。

应服气时服气，道理浅显易懂，为什么有人偏要唱“对台戏”？单从心理上分析，或是好胜心强驱使；或是嫉妒心重捣鬼；或是报复心强作祟。就人的个性而言，要强的人、孤僻的人、心胸狭隘的人、有心理疾患的人，一般不那么容易服气。从人际交往的角度来说，彼此有矛盾、相互看不顺眼的人，即便对方做得都很好，也很难让他在敌对的状态下服软。从工作关系来看，有竞争关系的单位或个人，大多喜欢“鸡蛋里挑骨头”，挑对方的不是。还有一种人，之所以应服气时不服气，是因为他们觉得，“不服就是不服，你能把我怎样？”碰到这种倔脾气的“一根筋”，你还真是拿他没辙。至于那种“有理无理搅三分”、应服气时偏不服气的人，则既无知，又可笑！

当湖南衡阳市中级人民法院以受贿罪、巨额财产来源不明罪，一审判处双峰县原县委书记朱应求有期徒刑 17 年，并处没收个人财产 30 万元，非法所得 348 万元上缴国库时，朱应求虽然对自己的受贿犯罪事实供认不讳，但颇“不服气”：“在廉政方面，我认为自己还是不错的。”“与其他没有落网的不少腐败分子相比，我是‘小贪见大贪’！”

有位朋友去考驾照，口试时主考问他：“当你看到一只狗和一个人在车前时，你轧狗还是轧人？”朋友不假思索地回答：“当然是轧狗了。”主考摇摇头说：“你下次再来考试吧。”朋友很不服气：“我不轧狗，难道轧人吗？”主考大声训斥道：“你应该刹车。”

人生一世，哪能事事顺心？遇到喜事乐事是福气，遇到坏事难事要服气，懂得及时“刹车”；不服气就不能受委屈，不能忍受一时的委屈，又如何“翻盘”呢？所以，人不能赌气，更不必生气，而要不服气时“争口气”。只有这样，才不会心态失衡，也才可能干成事、成大事。

伸该伸的手

得便宜处失便宜。

【明】冯梦龙《蒋兴哥重会珍珠衫》

伸该伸的手，前提是不该伸手时绝不伸手。

一天，老鹰发现一位农户的打谷场上有不少鸡在争食谷子，于是一个俯冲，叼起一只肥肥的老母鸡，得意地飞进树林中。

打谷场边，一只狡猾的狐狸也正在虎视眈眈地盯着那群鸡。老鹰的突然袭击，吓得场地上的鸡躲进了鸡窝。

狐狸来到森林里，见老鹰正在享受着“胜利品”的美味，就远远地对老鹰说：“您真有能耐，我守了半天的猎物，您一眨眼工夫就得到了。”

听到狐狸似有讽刺的话语，老鹰不高兴地说：“兄弟啊，你没听人们常说，明枪易躲，暗箭难防吗？我要得到什么，都是光明正大地去拿，绝不像你，暗地里偷，黑夜里盗，整天想着歪点子，时刻盘算着见不得人的坏主意。”

不久，狐狸听说老鹰因为再次到那个打谷场上去捕鸡，被农民布下的陷阱抓住了，死在刀砍活烧之中。

此后，狐狸也曾警告同类，不要为了自己的享乐，去明抢暗偷，这样做不会有好结果。于是，偷鸡的行为也有所收敛。

然而本性难移，没过多久，狐狸又开始了自己的偷鸡行为。一次次得手，一次次蒙混过关，使狐狸有了几分得意，几分飘飘然。

狐狸正在庆贺自己的幸运时，万万没想到，警惕的猎人早已将枪口对准了它……

狐狸的命运当然不会比老鹰好多少。

“手莫伸，伸手必被捉”，陈毅元帅的告诫真是至理箴言。

《菜根谭》说：“两个空拳握古今，握住了还当松手；一条竹杖挑明月，挑到时也要息肩。”人这一辈子，手经常处于两种状态，一是伸手，二是松手。正常的人应当既会“伸手”又会“松手”，不该你得到的东西，什么时候也不能伸手，“伸手必被捉”，而且根本不可能有侥幸。

成都有位赵师傅，做的虽是贩鸡卖鸭的小本生意，可日子过得还算“滋润”。前些时，他用自己的劳动所得买了辆电动自行车，可因为打架车被派出所扣下，令他心疼不已。这天他路过集贸市场时，趁四周无人骑上一辆电动自行车就跑。毕竟做贼心虚，当他无意中瞥见两个保安跟在后面时，吓得猛地一个刹车，弃车仓皇而逃。

他一口气跑到图书馆附近，惊魂未定地买了杯豆浆压惊，准备再次行动。可转了一圈儿，没找到目标，前思后想，他不甘心，又折了回去，看看车子还在不在。他装着不慌不忙的样子返回原地，看到车子还在，喜不自胜，谁知保安早已在四周布控，将他逮了个正着。

那么，究竟哪些不该得、不该伸手？

不义之财贪不得。对合法收入之外的财物，你若是伸手，它不仅不会给你带来想要的幸福，还可能成为套在你脖子上的绞索。晋朝人石崇横征暴敛，富可敌国，结果因“富”遭嫉，落了个满门抄斩；北京“金融耗子”金德琴，活到老贪到老，年近八旬而锒铛入狱。类似的例子，古往今来不在少数。

非正当途径谋取的“乌纱帽”戴不得。靠真才实学、工作实绩、群众威信之外，四处“活动”，跑、要、买、骗来的“官”，除了引来“嘘”声一片，还会让你身败名裂。

他人的合法所得抢不得。包括他人拥有的、看得见的财物，也包括无形的、看不见的名誉、人格、尊严等，不管是“软”招哄骗，还是装疯卖傻讨要，都会有损你的人格，明火执仗硬抢更行不通，就算侥幸得手也不会长久，因为你的所作所为与法律相抵触，当事人“斗”不过你，高悬的法律之剑还“修理”不了你？

向党和人民伸手更要不得。那些腐败分子，疯狂地向党和人民伸手，贪得无厌，聚敛无数，捞得差不多了，身败名裂的日子也到了。

人的需求其实很有限，纵有亿万财富，不过“夜眠八尺，日啖二升”，生不带来、死不带走；纵使身处高位，也不可能干到老，干到死，干一辈子。失于贪得无厌的伸手，往往会遭横祸；看似无所作为的适时放手，许多时候反而是全身而退的自我保护措施。

不该你伸手时伸不得手，该你伸手时也不必“客气”：包括有形的财物和无形的名誉、地位、权力，只要合法，靠正当途径奋斗得来，你不伸手，等别人放到你手心里不成？在工作生活中，当你遇到难以克服的困难时，你不伸手、不求援，单枪匹马、孤军奋战，只能是“死要面子活受罪”；当别人遇到麻烦、难题时，你能伸手不伸手，能拉一把不拉一把，甚至袖手旁观、瞧热闹，就算别人不骂你，自己的良心也会受谴责。

国学大师王国维在《人间词话》里说：“词以境界为最

高，有境界则自成高格。”每个人的能力有大小，职位有高低，分工有不同，但只要懂得不该伸手绝不伸手、该伸手不扭捏的道理，既倾力奉献，不求索取，又甘愿付出，不求回报，就可能达到做人的最高境界，成为“一个高尚的人，一个纯粹的人，一个有道德的人，一个脱离了低级趣味的人，一个有益于人民的人”。

谢必谢的恩

德不孤，必有邻。

【春秋】孔子《论语·里仁》

谢恩，就是知恩图报，即感恩。成功的第一步就是先存有一颗感恩之心。感恩，才会知恩；知恩，才会知道自己是受惠者，进而懂得施惠于人。

作为中华民族的传统美德、人性中光辉和善良的一面，对个体而言，感恩是一种处世哲学和生活的大智慧，能使人保持健康的心态、完美的人格和进取的信念，因而它是一种文明、素质和品质，是人之所以为人的基本条件。

有位朋友，每个周末的早晨，都要去驻地图书馆看书。久而久之，他发现路边有家花店早上 8 点门一开，便挤满了前来买花的人。这让他十分好奇：为什么别的花店门可罗雀，这家花店的生意却红红火火？

他后来从买花人口中得知，开花店的年轻小伙出台了一个特别的规定，每天早起开门后迎来的第一批顾客，无论买一朵花、一束花还是一篮花，不管是鲜花还是干花，都照本钱卖。

一天傍晚，他路过花店时，见小伙子忙完一笔生意，正悠闲地修花剪叶，于是上前问道："为什么会有开市第一笔生意照本钱卖的想法呢？"

小伙子微微一笑说：“最重要的还是感恩吧！记得刚开花店时，我父亲急需钱动手术，每进花店一个人我总跟人说我赚的钱只是为给父亲看病，人们听后总是很爽快且十分信任地买我的花。后来，我父亲用我花店赚的钱动了手术，身体日益康复，于是我就想以此形式答谢顾客。”

原来如此！小伙子恐怕做梦也没想到，正是那颗感恩的心使他的生意得到了更大的回馈。再后来，因这条路上的门市拆迁，小伙子搬到别处去了，可人们还是经常想起他来。人们挂念的不仅是他的鲜花，还有他那颗懂得感恩的心。

在水中放进一块小小的明矾，就能沉淀所有的渣滓；在心中培植起感恩的思想，则可以沉淀许多浮躁、不安，消融许多不满与不幸，使生活变得更加美好。而只有心存感恩的人才懂得生活、懂得幸福，即使遇上祸，祸也能变成福；那些常常抱怨生活的人，即使遇上福，福也会变成祸。

在山东安丘市景芝镇小付岗村有个叫王正春的村民，一次路过村东果园时，见果树上跌下两只喜鹊，便小心地抱回家中。根据现场散落的拌药麦种推测，他估计喜鹊是食麦种中毒，便买回 20 片“病毒灵”，给两只喜鹊各喂一片。不到一个小时，喜鹊竟显出活力，来回走动；半个月后，喜鹊康复。他在喜鹊的腿上各扎一块红布，然后将其放飞。不久后的一天早晨，王正春惊喜地发现，自家门前的树上突然飞来十只喜鹊，其中两只的腿上各扎一块红布，并一直鸣叫不停，直到他和家人看过之后，才恋恋不舍地一同飞走。

羔羊跪乳，乌鸦反哺；“繁木固本，饮水思源。”怀抱一颗感恩的心，能使人心态平和、保持快乐的心境，也能使人变得谦和、可敬且高尚，从而为自己的人生开拓出一片新天地，让优秀变得更加卓越。

在台海两岸十大杰出青年座谈会上，一家大公司的经理发言后，会场响起了长时间的掌声。他发言的第一句话是："日本有个阿信，台湾有个阿进，阿进就是我"。接着这句开场白，他讲了他的故事。

他父亲是盲人，母亲也是盲人且弱智，除了姐姐和他，几个弟弟妹妹也都是盲人。失明的父母只能当乞丐，住乱坟岗里的墓穴；他一生下来就和死人的白骨相伴，能走路了就和父母一起去乞讨。九岁的时候，有人对他父亲说，你该让儿子去读书，要不他长大了还得当乞丐。父亲就送他去读书，上学第一天，老师看他脏得不成样，就给他洗了个澡。这是他生命中第一次洗澡，感动得他泪流满面。

为供他读书，13 岁的姐姐就到青楼去卖身。照顾父母和弟妹的重担落到了他弱小的肩上，他从不缺一天课，每天一放学就去讨饭，讨饭回来就跪着喂父母。后来，他上了一年中专学校，竟获得一个女同学的爱情，但未来的丈母娘却说："天底下找不出你家那样的一窝穷人。"结果，丈母娘把她女儿锁在家不说，还用扁担把他打出了门……

讲到这里，他提高了声音："但是，我要说，我对生活充满了感恩的心情。我感恩我的父母，他们虽然双目失明，但他们给了我生命，至今我都是跪着给他们喂饭；我还感恩苦难的命运，是苦难给了我磨炼，给了我这样一份与众不同的人生；我感恩社会，在我成长的过程中，社会各行各业劳动者给了我衣、食、住、行及教育；我也感恩我的丈母娘，是她用扁担打我，让我知道要想得到爱情，就必须有出息……"

人与人、人与自然都是相互依存的。生活在社会大家庭里，总要受到许许多多恩泽。大而言之，有国家的培养，大自然的给予，父母的养育，师长的教诲，亲友的关爱，他人的服务，陷入困境时好心人的救助等；小而言之，当你碰到困难时，人家一句暖心的话，伸手拉一把或扶一下的不经意之举，都是对你摆脱困境的一种扶助。人，无时不浸淫在惠泽的海洋中。

人既然受恩于他人和社会，同样也应该学会报恩于他人和社会，多想想“受之于人者太多，出之于己者太少。”感恩父母的养育，感恩社会的安定，感恩他人的帮助，感恩食之香甜、衣之温暖、苦难逆境，就连我们的“敌人”，也应不忘感恩，因为他磨炼了你的心志，强劲了你的双腿，丰富了你的智慧，唤醒了你的自尊……

幸福从感恩开始。正确地认识和对待感恩更为重要。恩情记在谁的账上，报答采用何种方式，必须头脑清醒。特别是对长期受组织培养教育的人来说，不能把组织的培养、集体的帮助、同志的关爱全都抛之脑后，而只对某位领导感激涕零，这种以公谢私的感恩是一种本末倒置的感恩、错位的感恩。至于那种被庸俗化了的感恩，更是失去了它真实的内涵，只会使人与人之间渐渐丧失应有的关爱和信任。

说想说的话

论如析薪，贵能破理。

【南朝·梁】 刘勰《文心雕龙·论说》

“说话”，就是用言语表达思想，也包括闲谈、指责和非议；说想说的话，就是不“憋屈”，愿说、说好有益于大局和大家的好话、实话、心里话。

需要你说，自己也想说、还挺“能说”，那就说，你不说，别人怎么知道你有“两下下”？“茶壶装饺子”却不倒，就怨不得别人不让你表现了。

好话到嘴边你不说，憋出毛病事小，别人怎么知道你“葫芦”里卖啥“药”？你“深沉”，心思重的人还以为你在算计他呢！

对某个人不好，对大局、大家好的话，想说又不说，虽然别人不会说你什么，虽然你也不受多大损失，对普通人而言，你失去的是做人的底线；对党员领导干部来讲，你丢掉的是党性原则。

想说而“不能说”，你说还是不说，当然有掂量的必要。若是想说而说不好的“不能说”，不说为好；说的不是那么回事，胡说、乱说、瞎说，给人添“堵”不说，还会误导他人。若是想说而有所顾虑、顾忌的“不能说”，也得具体问题具体分析，总的原则是，只要不伤人、不害人，但说无妨，反之想说也别说。

还有，当你遇到困难时，你想说而不说，别人就是想帮你也无从下手；当你有了开心事时，很想说出来与他人分享，你若是不说，想也白想，“偷着乐”呗；当你遭遇工作、生活中的挫折或失败时，很想发泄发泄，很想让人安慰安慰，那就说，你不说，只能所有问题都自己“扛”。

之所以有些人想说而不说，一种情况是有说的胆量，也有说好的水平，却担心自己利益受损而有意不说；另一种情况是仅有说的胆量，却没有说好的水平，而担心说不好会误导他人；再一种情况是没有说的胆量，却有说好的水平，而担心说错了被人嘲笑；还有一种情况是既没有说的胆量，也没有说好的水平，而担心说了白说。不管是哪一种，最根本、最核心的因素在于一个字：利。既怕影响到个人看得见的好处，还怕影响到个人的名声和名誉。

有次坐火车到外地出差，车到下一站时，上来一对手拉手的盲人夫妻。我们赶紧起身让座，旁边一对恋人倒是眼疾手快，一屁股坐在我们刚腾出来的座位上。

当时，我们没把事情朝坏处想，以为这对恋人没看见那两位盲人，就好声好气地对他们说：“请起来一下，座位是让给这两位盲人师傅的。”

不曾想，这对恋人根本不搭理我们，还故意把头扭向车窗外。

我们火了，不约而同地冲这对恋人吼道：“叫你们起来，你们没听见吗？”

看他们颇有不服气的意思，周围的一些乘客也跟着“帮腔”，这对恋人一下子被这股气势吓愣了，不情愿而又无奈地溜到了一边。

快要下车时，邻座的一位老奶奶颇为我们捏一把汗，善意地“教训”了我们几句：“你们发这么大的火干吗，要是碰到坏人怎么办?”

我们本想“回敬”老人家几句，想到她也是替我们担心，话到嘴边又忍了回去。看我俩不吱声，她直夸我们态度好，“有的救!”

同一件事情，不同的处理方法，得到的不同结果，别有一番“滋味”：有些话想说你就得说；某些时候，某些场合，面对不同的对象，有些话想说你也得“悠”着点儿。

2004年雅典奥运会还没开始，美国游泳运动员菲尔普斯就“憋”不住了，嚷嚷着要在奥运会上拿8块金牌，那股舍我其谁的霸气，把美国民众高兴坏了。

奥运会正式开始后，中国男篮首战惨败西班牙，姚明一怒之下说了一些既是事实也算不上多出格的话，引来个别体育官员的“反弹”，指责他“越来越像美国人，什么都敢说”，姚明却不后悔，媒体也纷纷站到他这一边。

菲尔普斯何以敢这么“狂”，因为他是游泳天才，有他出场的比赛，大多是他的天下，出道没几年，摘金揽银无数；姚明何以想说就说、发别人不敢发的脾气，因为他在中国男篮不可或缺。

这说明，要做到想说就说，没有让人信服的底气、实力和资本也是不行的。

当然，光有底气、实力和资本还不够，想说就说也有个机会问题，别人不给你说的机会，你跟谁去说？就算这些条件你都具备了，是不是就可以想说什么就说什么呢？也不是。

“空话”别说。虚话连篇，从本本到本本，从文件到文件；人云亦云，吃剩饭，嚼剩馍，没有自己的独立见解；老生常谈，翻旧账，扯“野棉花”，说了何用？反倒浪费你的口水，也浪费别人的时间。

“大话”别说。说得到做不到的话，你说得越多，越没人相信，长此以往还会失去诚信、遭人唾弃。

“假话”别说。那些瞎许愿，胡表态，“忽悠”他人和组织的话，你要是说了、说多了，就会适得其反。因为谁也不是傻子，一旦被人识破，最后被“套”的只能是自己。

“戏言”不能说。适度开开玩笑无可厚非；无凭无据、捕风捉影的“笑话”、“闲话”你说了，就成了搬弄是非。

“歪歪理”更说不得。你说了，岂不是“误人子弟”？

……

要说就说实话，说真理，说“善言”。古人云：“与人善言，暖于布帛；伤人之言，深于矛戟。”特别是对有过失或是处于困境之中的人，应该多说暖人心的话，以善心对人、善言待人，而不能极尽取笑、奚落之能事，更不能像《红楼梦》中的王熙凤那样表面嘴巴甜、赔笑脸，暗地里却给别人“使绊子”、“下套子”，否则，越是八面玲珑、能说会道，越是遭人厌弃。

对谁说，什么时候说，在什么场合下说，也是大有讲究的。领导讲话时，老师上课时，别人忙得团团转时，你说闲话，妥当吗？……要说就对知心人说，对信得过的人说，在恰当的时机说，在合适的场合说。

要说出艺术，说出水平，还须言简意赅，否则言多无力。莎士比亚说过：“简洁是智慧的结晶，冗长是肤浅的藻饰。”毛主席更是把那些啰唆之言斥之为“懒婆娘的裹脚布，又长又臭”。

“论如析薪，贵能破理。”说话不是小事，别把说话当小事，它紧连着一个人的学识、品性和人格。

学会比较，以平和抵御虚浮

“比较”是一门学问。“比”好了，能使人比出大度、从容、果决和正确的思维方式；“比”不好，只会“人比人，气死人”，“死”在不正确的攀比中。

作为不比地位

位当其德，则贤者居上，不肖者居下。

【三国·魏】桓范《政要论·臣不易》

人都想成器；能成些“气候”的多是有所作为的人。

“作为”，体现在工作上“拿得起”、“放得下”，事业上“做出成绩”。这一思想境界、精神状态和实践成果的综合体，源自于高度负责的精神、永不自满的进取意识、不折不挠的坚强意志、胸怀全局的雄才大略，也源自于理性思维、理智处事的科学态度。那些消极懒惰、无所事事的人，因循守旧、唯书唯上的人，瞻前顾后、畏首畏尾的人，小进则满、目光短浅的人，不学无术、孤陋寡闻的人，都是很难有所作为的。

谈作为，不得不说“地位”，因为人们通常自觉不自觉地把二者联系在一起，认为有作为就应该有地位，有什么样的作为就应该有什么样的地位，把二者的关系理解偏了，理解片面了，认识绝对化了。

作为与地位究竟是何关系？

有位士官，在一个基层单位一干就是17年；17年里，他远离浮躁，远离索取，埋头于技术革新，仅全军科技进步奖就有4项，还2次荣立二等功，8次荣立三等功，9次被上级表彰为“技术革新能手”。虽然他至今仍是一名普通的士官，可提起他，没人不挑大拇指。

战士小陈出生在一个偏僻落后的小山村，高三那年，父母因车祸双双住院，为治伤欠下一屁股债，他也因此而辍学。命运对他这个穷孩子虽然不公，但他却执著地追逐着他的人生之梦——当一名记者。为此，他选择了参军，并克服军旅生活中遇到的一个个挫折，最终如愿考上南京政治学院，研究生毕业后被选调到某军区机关报社当记者。

原国土资源部部长田凤山，因在担任黑龙江省省长以及国土资源部部长期间，利用职务便利，收受他人贿赂共计 463 万元，被判处无期徒刑，从位高权重的高官沦为阶下囚。

上述看似毫不相干的三份“履历”，直观地对作为与地位的关系作了注解：有作为不一定有地位；要想有地位，一定要有作为；如果没有作为，别想有地位；已经有地位，务必有作为，否则已有的地位也会很快失去。

一个不容否认的事实是，对心怀“上不愧党、下不愧民”、有志于成就一番事业的人来说，地位确实可以成为大展宏图、大显身手、更好地发挥聪明才智的广阔天地，干大事业，作大贡献，有大作为；而生活中一些有大作为的人，大都有一定的地位，由此很容易让人产生一种错觉：有作为必须以有地位为前提，否则，再怎么努力也白搭。果真如此吗？

若是非要把人分个高低贵贱、三六九等，那么从根本上说，决定因素不是地位，而是作为。雷峰是普通战士，徐虎是普通工人，许振超是装卸工……许许多多他们这样的平凡人，哪一个身居高位？谁又能否认他们没有地位？他们之所以在人们心中有分量，靠的是脚踏实地，努力奋斗。正因如此，人们才会在心中给了他们谁也争不走的位置，树起了谁也搬不走的丰碑。

这么看，作为与地位是没有先后之分的。人生若像音符一样，不去计较位置高低，能够正确对待自己，就会奏出和谐美妙的乐曲。相反，没有作为却总在争地位，或者才疏学浅、并无所长，工作平庸、并无建树，却总在地位上打主意，不仅得不到梦寐以求的“位子”，还会遭人嫌弃，自己也活得累。

古人云：“但行事，莫问前程”；《论语》也说：“见小利，则大事不成。”当一个人把全部精力投入到工作和事业中并取得累累硕果时，并不需要他说什么，群众和领导就会主动把他推上该去的位置；反之，一个人若是贪图权力、唯利是图，在个人利益上斤斤计较，不仅会使群众反感，组织上也不可能放心地把“位子”交给他。

由此想到一位在市政府工作的朋友，当他从普通科员成长为中层领导后，一度“官气”渐长，身边的同事和熟识的朋友纷纷反映他“官味”足、架子大。因为我们认识多年，也替他着想，一次聚会时，故意将一份登载有人民公仆焦裕禄先进事迹的报纸塞进他的提包里。后来再见这位朋友时，发现他就像换了个人，待人接物十分得体，还很快走上了更为重要的领导岗位。问及他为什么进步如此之快的原因时，他一个劲儿地感谢我们，说自从读到焦裕禄的先进事迹后，心灵深受震撼，懂得了无论身居何位、从事什么工作，“身份”都是群众给的，“位子”都是组织赋予的，一旦选择或被委以一定的职务和权力，就一定要对得起组织给你的“位子”，经受得住这种“身份”的约束，所作所为就要与“位子”和“身份”的“角色定位”相吻合。从那以后，他丢掉了所谓的“身份”，忘记了所谓的“位子”，时刻谨记自己的职责使命，重新标定自己的人生坐标，踏踏实实做事，老老实实做人。在机关，他始终以学生自居，虚心学习业务知识和机关工作方法；到基层，他不计较吃住行的条件，而是把干好工作放在首位。时间一长，他不仅在生活上有了更多朋友，在工作上也有了更多收获。

生活的辩证法就是如此，若能丢掉“身份”做人，忘记“位子”谋事，可能你不找“位子”，“位子”也会来找你。

进步不比职务

进则安居以行其志，退则安居以修其所未能，则进亦有为，退亦有为也。

【元】张养浩《牧民忠告》

追求进步是一种积极的人生状态，是人固有的上进心使然，是实现人的社会价值的重要体现。但不知从何时起，职务的提升却成了进步的代名词，当官没有，当大官没有，当有实权的官没有，越来越成为衡量一个人是否有进步、有大进步、有真进步的一把“尺”、一杆“秤”。

职务的提升等同于进步吗？

词典里这样阐释进步：事物向前发展，比原来好；适合时代要求对社会发展起促进作用的思想或人。引申开来，一个人的进步包含着学习进步，知识有长进，学养有提高；思想进步，追求真理，改变落后意识；工作进步，恪尽职守，成绩突出；职务进步，被委以重任，得到升迁。原来，进步并非单一的概念；职务的提升仅是进步的一个方面或具体体现。

话虽如此，在如何看待进步的问题上，多数人“约定俗成”地认为，只有职务提升了才是进步，对学习进步、思想进步、工作进步很少考虑或者根本就没考虑，这是非常片面的，也是对自己的全面进步十分不利的。

平心而论，“官”当到一定的水平、一定的位置，不考虑职务的提升是不可能的，也不实事求是。就个人发展而言，位子“动”了，职务“上”了，说明你“还行”，说明你的能力和政绩得到组织和群众的认可，从而有了施展才华的新机遇和发展自己的新天地；从单位建设大局而言，把能力强、水平高的人放到更高、更适合他的位置，有利于人才资源的合理配置。因此，在学习、思想、工作都进步了的前提下，适当考虑一下职务进步未尝不可。

绝不能考虑的是只把职务提升看做是进步。

一来，职务没进步并不意味着什么都没进步。一个人的知识丰厚了，思想认识提高了，政绩卓著，即使职务“原地踏步”，也能赢得别人的敬重，人生境界也就因此而提升了一步。

再则，仅有职务进步并不意味着什么都进步。首先，职务进步不等于能力素质进步；其次，如果职务进步并没有建立在学习、思想、工作进步的基础上，或者职务进步之后学习、思想、工作反而落后了，那么，就长远而言，职务进步就不见得是好事。

而且，如果眼睛只盯着职务进步而忽视全面进步，求知欲不强，责任感不强，事业心不强，官欲却很强，这样发展下去，就很难再进步。

进步是好事，追求进步没错，没有个体的进步就不可能有团体、社会的进步；而如果不能真正“读懂”进步——为什么要进步，也就是进步的动机和目的是什么，则不仅会影响一个人的进步观，还决定着他能不能不断进步。

进步包含着并实现着个人价值，但进步的目的绝不等于实现个人价值。对党员干部来说，之所以要求进步，既有全面自我发展的“内需”，更多的应该是承担起党和人民赋予的责任和使命，为建设小康社会做出更大的贡献。也就是说，“官”

当得越大，越要为民做主，越要为民谋利，越要为民排忧解难，真正全心全意为人民服务。反之，若是把进步看做实现个人利益的“台阶”，当作出人头地、光宗耀祖的“招牌”，视为攫取非分好处的“舞台”，“进步”的结果不仅会扭曲人生，也将贻害党和人民。

不容否认，进步确实有和别人比较的问题。一方面，没有比较就没有鉴别。另一方面，比较心理是由人的社会属性和心理特性所决定的。心理学研究发现，在现实生活中，不同的人，常常会在各自主观设定的一条“等高线”上，自发地比较各自进步快慢、名誉地位等需要的满足状况。

比，只要不是横攀竖比，比得积极，就可以使人获得正确的认识，比出信心，比出干劲。攀比则不同，越比越使人灰心，越比越使人没劲，还会比出错误的认识和结论。比如，张三的工作能力并不比我强，为什么能连连升迁，平步青云？李四的业务能力明明居我之下，缘何能轻易获得各种奖励和荣誉？我一向老实敬业，可为何得不到重用？如此比法，不比出嫉妒和怨气才怪！

之所以有些人和别人只比地位高低，不比素质高低；只比职务大小，不比贡献大小；只和提职快的比，不和提职慢的比；只拿自己的优势和别人比，不拿别人的优势和自己比，结果比得叹气，比得生气，比得泄气，就因为在进步“怎么比”上出了偏差，让攀比心理占了上风。

进步究竟怎么比？一位老领导的四条心诀颇有见地：一是全面地比，不只比职务，还要比综合素质，比工作业绩，比天时地利人和，这样比才会见贤思齐，见才思进。二是虚心地比，多想别人的长处和优势，多想别人的才华和贡献，多想别人的努力和奋斗。三是辩证地比，不能只拿自己的逆境与别人的顺境比。四是以平常心比。事实证明，正因为这位老领导在进步问题上能够正确比较，每次遇到与自己资历相当的同事得到提拔，而自己没“动”时，他就到烈士陵园走一趟，看看那些知名的烈士，想想那些无名的英雄，心中豁然开朗，依然兢兢业业地工作，职务也终于得到一步步的提升。

若是不能成为宽广大道，那就做窄窄的小路，只要能通向光明；若是不能成为参天大树，那就做绿绿的小草，只要能透出春意……如果你能这样想进步，正确比进步，就能比得心宽，比得从容，比得大度，比得天宽地阔。

财富不比物质

财上分明大丈夫。

【元】石君宝《秋胡戏妻》

财富，或有形，或无形，不外乎精神和物质范畴。

物质财富首先是钱，还包括各种动产和不动产，一般都是可以看得到、触摸得到的。精神财富则是那些蕴涵在有形物品中的无形的东西，包括各种艺术品、音乐、文学、经验、感情、思想和精神等。

毋庸讳言，财富是人生成功的一个重要标志。但人们大多习惯于把焦点集中在物质财富上，把拥有金钱的多少、权力的大小、地位的高低，作为衡量财富的唯一参照，就高不就低、比高不比低，结果越想得到越得不到，越攀比越不平衡，“比”得不好还会“比”出人祸。社会上之所以有贪赃枉法的现象，有假冒伪劣的产品，正是因为对金钱的迷恋和对暴利的渴望，才使一些人不惜以身试法，铤而走险；也有些人干脆从事谋财害命、偷盗、抢劫、诈骗等犯罪行为谋取物质财富，结果身败名裂、追悔莫及。

为什么一些人津津乐道的只有物质财富？

有大气候的影响。改革开放以来，在丢弃了“越穷越光荣”的口号之后，一些人心中压抑已久的物欲几乎在一夜间就被无休止地激发出来，随之膨胀的还有贪欲。

有思想认识上的误区。把财富理解偏了、理解片面了，或认为财富是“万能”的金钱，或认为财富是财大气粗，或认为财富是优越的生活，或认为财富是权倾四海，更有甚者，认为有钱、有权、有地位就可以随心所欲地生活。于是，贫穷者终日为钱财奔忙，一些先富起来的人则富而忘本、富而忘形甚至相互斗富：比谁摔的茅台酒多，比谁带的“小秘”多，比谁家的豪宅阔……

实际上，物质财富本身并不存在罪恶；对金钱的热爱，几乎是每个人的天性——因为人类的生存离不开最基本的物质条件，需要一定的物质财富作为生活的保障。但这并不意味着物质财富越多越好。

首先，物质财富只是满足人生基本的需要、低级的需要。一个只会追求物质财富的人，说明他的生命层次是很低的；仅仅停留在物质财富追求上的人，他的生命层次永远都提高不上去。

其次，欲望是被逐渐激发出来的，占有物质财富越多，对它的期待和牵挂也就越多，从而容易使人迷失本性，变得贪婪，变得猥琐。

再次，物质财富是外在的、变化的，每个人对它只有使用权或保管权，或天灾，或人祸，都可能将它们化为乌有。这些身外之物是虚幻不实的，随时都可能更换主人。

有个亿万富翁对农民“哭穷”，农民很不理解，富翁就说：“我实在是穷啊！你看，水火该是无情的吧，总有一天难免要发生水灾或火灾，我的财富会被水火荡尽的！还有不肖的子孙会使我倾家荡产，以及通货膨胀、金融风暴、经济不景气等，都可能使我的财富一夜之间化为乌有。我怎么能不穷呢？”

农民听后哈哈大笑："你是天底下最穷的穷人，而我是天底下最富有的富翁。我的珍宝无与伦比，我的财富不计其数。"

农民的话传到税务部门后，税务员找上门来，问农民是不是自认为是世上最富有的人？农民认可后，税务员就问他："你有哪些珍宝和财富呢？"

农民说："我的身体很健康，我的双手能劳动，我的儿女孝顺又成才，我与妻子互敬互爱，我们与邻里十分和睦，你说这不是我的珍宝吗？更重要的是，我心情很愉快，每天都在幸福中度过，你说我怎么不是世上最富有的人呢？"

……

在幸福的天平上，物质财富显然是一个重要的砝码。但是不是只要有了物质财富我们就幸福了呢？多少人有了钱之后，才发觉自己得到的只是幸福这座山上的一个小沙粒罢了！

人生的财富，不一定是看银行里的存款，也不一定是指土地、房产、黄金、白银、汽车、家电；失去物质财富只会使生活暂时受影响，失去精神财富则会影响到人的一生。人生还有理想、道德、良心、喜悦、人缘、智慧、知识等，这些精神上的财富才是真正的财富。

精神财富有别于物质财富之处，在于人有精神而动物没有。飞禽走兽奔忙一生的目的只是为了觅食，而人类如果也仅仅是为了生存而生存，那和动物有何区别？当人的基本生存解决之后，多一元钱都是累赘。这时，更为重要的是那些非物质——精神上的东西，这些才是人生可以真正依赖的无价之宝。

精神财富一般不太容易估计价值和价格，因而不同的人对精神财富的理解和追求也不尽相同：作家认为自己的作品就是财富，画家认为自己的画作就是财富，知识分子认为知识就是财富……无论哪种认识理解，一个共性的特点是永恒的：拥有美德的人，不论处于什么样的时代和环境，都能洁身自好；洞明世事的人，不论遭逢怎样的人生境遇，都能从容面对。这样，即便可能会失去物质财富，但不会失去智慧；可能会失去健康，但不会失去慈悲；可能会失去事业，但不会失去信仰。

传说佛陀与弟子阿难外出乞食时，看到路边有一块黄金，便对阿难说：毒蛇，阿难亦应声说：毒蛇。正在附近做农活的一对父子发现佛陀和阿难所说的毒蛇竟然是黄金时，立刻欣喜若狂地将其占为己有，可结果如何呢？黄金非但没能改善他们的生活，反而使他们陷入国库被盗的案件之中。刑场上，父子俩追悔莫及，这才明白佛陀所说的毒蛇的含义。

毒蛇不可怕，可怕的是心里只有物欲——一种比世上任何一种毒蛇都要毒的蛇。

要强不比逞强

强乐还无味。

【宋】柳永《蝶恋花》

说起要强，总会联想到逞强。二者仅有一字之别，内涵却差之千里，褒贬更是泾渭分明。

先说要强。从字面上理解，要强即“好胜，不甘人后”，多用来衡量和评价一个人的个性，说一个人要强，往往是称道其有进取心，凡事不服输、不服软，有股“不撞南墙不回头”的韧劲儿。

人必须要强。特别是在竞争日益“白热化”的当今社会，若是自甘落后，“愿赌服输”，只能是“死路一条”；反之，永不服输、意志坚强的人，困难都会为你让路。

有位战友，13 岁时，因为家庭贫困，学至初一（上学期前两个月）就不得不含泪辍学，与 16 岁的大哥一起挑起养家糊口的重担——养活终日躺在病床上的父母和供三个弟妹上学。

那以后，他放过牛，种过地，卖过柴，烧过炭，抬过石头，修过电站，一个山里农民一生所经历过的苦差不多尝遍了。可他没有服输，决心靠自己的努力改变命运。凭着 11 岁时参加县作文比赛的“资本”，他开始了漫长而艰辛的笔耕和投稿。

白天，他下地干活；晚上，点着“松明子灯”（带松脂的树枝）通宵达旦地读书写作，常常熬得满眼血丝，直至高度近视。母亲心疼他，劝他“别胡思乱想，安心种庄稼”，父亲则责怪他“不务正业”。即便如此，他也不认命，与家人展开“游击战术”。每天晚上，等家人熟睡后，他悄悄穿衣起床，用被子把窗户堵上，点上“松明子灯”开始读书写作。

功夫不负苦心人。在写了一麻袋稿纸投出263篇稿件石沉大海后，他的名字赫然出现在省报上。从此，他一发不可收，名字频繁出现在中央、省、地市报刊上，县里的广播站也几乎每天都播发他写的稿子。

1987年10月，已是县广播站编辑的他入伍到晋北军营，很快就被调到团政治处当报道员。他十分珍惜这个来之不易的机会，没日没夜地采访写稿，当兵第一年，他就在大大小小的军内外报刊上发表104篇稿件，次年又因工作成绩突出而被破格提拔为少尉军官。

再以后，仅有小学文化“底子”的他，顶着别人“这小子精神有毛病”的非议，刻苦自学考上了西安政治学院，毕业后被军内一知名杂志留下当了编辑。三年后，又凭着一大摞作品剪贴闯入北京，经毛遂自荐、识人善任的首长相帮，如愿成为领帅机关的“京官”。

这位与我们相识多年的战友之所以能搬掉人生路上的一个个“绊脚石”，不断取得新进步，既是他不懈努力奋斗的结果，也与他要强的性格密不可分，使他很好地把握住了人生路上的几个“拐点”：

在决定他命运的第一个关口——初一辍学后，如果他像绝大多数失学儿童那样自暴自弃，放弃读书写作，他现在很可能还是一个半文盲；

在决定他命运的第二个关口——母亲劝他“别胡思乱想，安心种庄稼”、父亲埋怨他“不务正业”时，他如果狠不下“继续读书写作”的心，他现在也许还在种地或者像大多数农民那样外出打工；

在决定他命运的第三个关口——准备自学深造时，面对别人“这小子精神有毛病”的非议，他如果顶不住各种压力，他现在很可能还是部队的一名新闻干事；

在决定他命运的第四个关口——被杂志社留下当编辑后，他若是“见好就收”，他现在很可能还在过那种他不情愿过的“自满自足”的编辑生活。

生活就是这样，一个人历经苦难、波折并不可怕，只要执著顽强，不向命运低头，便会得到比别人更多的机遇。就像这位战友在他的书中所说：“世上没有不可改变的事，命运攥在你自己手里。”要强的人，经历再多的磨难也不会低头认输。

再说逞强。说一个人爱逞强，多指他爱逞能、爱显摆。显摆，特别是那种不分时机、场合与对象的显摆，貌似比人高明，其实是因虚弱而虚张声势，没有多少真本事。退一步讲，即便有些真本事，也用不着这么“招摇”。一来，天外有天，能干人多的是；再者，有失分寸的“显摆”，惹人烦，讨人嫌；而且，过于逞强、突出自我，意味着从许多方面剥夺了他人施展才华、能力的可能性，无形中增大了与其他人之间发生矛盾、冲突的概率，从而使自己成为众矢之的。

人，大多想当个“能人”。这个“能”，有多种理解。通常意义上的“能”，指的是人的能力、才能，这是正解。若是用到人性上，就稍稍有些出入了。生活中就曾听到对一些人这样的评价：“你这个人是不是太逞能了?!”听得出来，这里所说的“能”，指的是一个人将其能力、才华到处表现出来，而且有过头的嫌疑，这就成了逞能、逞强，带有一定的贬义。拿醉酒来说，亲朋好友聚在一起喝点酒、聊聊天是常事，但要量力而行、适可而止，非要逞能、超过别人，只能是拿自己的身体做赌注。如此为“能”而逞能，既得不偿失，还没人说你好。

老话说：“话不要说满，事不要做绝，人不要逞强。”若是没有“金刚钻”，就不要去揽“瓷器活”，本事不大声势不小，装“大瓣蒜”，只会自找难堪，还有碍观瞻。

当然，任何事物都要辨证地看。要强的人也不是什么都好，好胜心过强，容易使人滋生傲慢，而傲慢之人往往不会有好的人缘。适度“逞强”则有利于个人发展，如需要你发言的时候你能信手拈来、头头是道，该你拍板表态的时候你能有理有据、一锤定音，让你表现的时候你能大方得体、光芒四射，别人不仅会夸你“能力强、有本事”，还会因此给自己赢得更多的发展机遇。

大气不比阔气

大音希声，大象无形。

【春秋】《老子》

说一个人大气，往往是一种褒扬。但究竟何为大气呢？

词典里的“大气”，要么是“包围地球的气体”，要么是“喘粗气”；生活中的“大气”，多指人在财物上不计较、不吝啬。无论哪一解，都没错，若是用在给人定性上，就不那么贴切了。正解是什么？

全球首富比尔·盖茨无人不晓。就是这个富可敌国的比尔·盖茨，却没有自己的私人司机，衣着也不讲究名牌；更让人不可思议的是，他还对打折商品感兴趣，不愿为泊车多花几美元……

之所以为这点“小钱”斤斤计较，不是比尔·盖茨另类，而是他认为“我只是这笔财富的看管人，我需要找到最合适的方式来使用它。”

比尔·盖茨所认为的最合适的使用方式，除了衣裳不求名牌、再富不富孩子、坐飞机只坐经济舱，还有他为公益和慈善事业捐出的大笔善款，以及“在有生之年捐出 95% 的财产”的豪言。

一个是生活上的“守财奴”比尔·盖茨，一个是在公益和慈善事业上大把撒“银子”的比尔·盖茨，哪个才是真实的全球首富比尔·盖茨？

生活中，比尔·盖茨之所以“抠门”，是因为他“非常讨厌那些喜欢用钱摆阔气的人”；对待公益和慈善事业，比尔·盖茨之所以舍得“大撒把”，是因为他认为“钱来自社会，就应该回到社会”。由此可以得出一个结论：生活上的“守财奴”比尔·盖茨+在公益和慈善事业上大把撒“银子”的比尔·盖茨=“大气”的全球首富比尔·盖茨。广言之，真正的大气是大方与大度的集合体。

人需要大气。大气的人，该吝啬的吝啬，不该吝啬时绝不吝啬，有一颗爱人之心，自会“人恒爱之”；大气的人，大人有大量，有容人之心，被人敬重；大气的人，魄力大，拿得起，放得下，干什么像什么，干什么成什么，受重用。这样的大气好，做如此大气的人更好。

也有一些自认为“大气”的可气之人：

一位吃了上顿没下顿的穷苦读书人，最怕别人说他穷。一次，一个小偷夜里进了他家，见家中空空如也，什么东西也没偷到，气得直骂娘。读书人听到后，赶忙从床底下摸出几个铜钱，追上去送给小偷，并嘱咐说：“君此次来，我虽然怠慢之极，但在人前，还万望为我美言！”

东北肉贩富某和史某闲来无事，便有一搭没一搭地聊天。富某说：“我家的肉卖不卖无所谓，我就是在家闲不住。”史某听后老大不高兴，接茬说：“我这肉卖不卖更无所谓，扔了都行！”史某的话音刚落，富某已经挥刀割下了一块足有五斤重的腰盘，随手扔向不远处的一条臭水沟。史某更不示弱，也割下一大块撇进沟里。一来二往，两人越扔越起劲，等到市场管理人员赶来劝说时，他俩已扔掉了50多公斤猪肉。

广东一位80岁的老太太病逝后，其家人为尽“孝道”，不仅请来两支近百人的民间管弦乐队、20多位厨师，还组织了由15辆崭新的奔驰、19辆摩托车、2 000人组成的送葬队，绵延数里的壮观景象，被当地人形容为“30年一见”！

……

这些人大气吗？说“不”的必定十之八九。

人都有自尊心，都渴求得到他人的尊重，这是一种正常的心理现象。但自尊一旦脱离现实，变成畸形的需求，就会发展成虚荣心。为了满足虚荣心，故意夸大或捏造自己工作或生活的某些事实，以期引起别人的重视，这不是大气，而是摆阔气，是一种心理不正常的表现。

退一步讲，就算是摆阔气，也不是普通人能摆得起的。没有厚实的“家底”，想摆也摆不成；硬要“充大头”，搞不好就把自己“摆”进阴沟里。

有位张姓打工仔，五年后“媳妇熬成婆”，当上了所在公司的经理。没多久，一个改变他人生轨迹的女人闯进他生活里。

该女子年近四十，因丈夫赌博而家庭破败，只好独自到城里打工。由于没手艺，年龄又大，她处处碰壁，便到处应聘“碰运气”，由此结识了张经理。

对这个比自己大十多岁的女人，张经理十分同情，也很关照，时间一长，同居到了一起。为了“自己的女人”，张经理不惜血本，出手阔绰，同居后的第二天，就给了她1 000元零花钱；没几天，又给她买了白金项链和名牌服装。

张经理月薪4 000多元，这么大手大脚花钱，很快便入不敷出。一天晚上，当他路过工地附近一栋居民楼时，见一户居民的二楼窗户开了个缝儿，便钻了进去，将放在客厅里的一个手提包偷出，得手2 100元钱。从那以后，他觉得找到了“来钱快”的窍门，干脆辞职当起了钻窗盗窃的“专业户”。

谁知好景不长，一个偷来的手机使其“好事”露馅，被人扭送进派出所。据派出所统计，半年间，他钻窗盗窃作案28起，案值10万余元，够判10年刑。

你看，阔气是常人比得起的吗？话说回来，即便有“摆谱”的“实力”和“资本”，还是不摆为好，想想还有那么多挣扎在贫困线上的普通百姓，你“阔”之何忍？

印度哲学大师奥修说：玫瑰就是玫瑰，莲花就是莲花，只要去看，不要去比较。一味的比较最容易动摇人的心志，改变自己的初衷。而比较的结果，使人不是自卑，就是自傲，总之是流于平庸。

轻松不比清闲

逸者，智之毒也。

【宋】崔敦礼《刍言》卷下

市场经济，信息社会，竞争的加剧使人越来越累。

世上没有铁人，是人都会累。累是一种正常的生理反应，包括身体上和精神上的累。仅身体累而精神上不累，只要稍稍休息，就可迅速恢复体力。这种累并不是真正的累。严格意义上的累，是精神上的累，即思想空洞，失去追求，没有理想抱负。

无论身累还是心累，都会使人因疲劳而疲惫，进而使人的身体或精神超负荷。其直接后果，小则致人多病、早衰、压抑，大则使人短命，一些成功人士之所以英年早逝，不能不说没有这方面的原因。

可见，累是一种束缚、一副枷锁，久而久之，无异于一种慢性自杀。因此，人只有活得自在、轻松、潇洒一些，才能保持体力充沛、精力集中、精神振奋，更好地投入到工作生活中去。

说起轻松，讲个轻松的故事：有个懒汉，什么事都不肯干，求人给他介绍一个最轻松的工作。后来有人请他去看坟地，说没有比这更轻松的工作了。可懒汉去了两天就回来了，还愤愤不平地说：“这工作一点儿也不轻松！”介绍人问他为什么，他回答说：“别人都躺着，只有我一个站着！”

这是笑话，却说明一个道理：轻松不等于清闲。

轻松是一种心情、一种享受、一种状态，主要指精神层面上的放松和愉悦。它如同晨曦里展开的带着露水的浪漫，温温的，静静的，舒展着；又如天边一抹淡彩的霞、山涧里一条明亮的溪、后院里一朵悠闲的花；还如秋日里一潭平静映着云霞的水，明亮地荡漾着，凝结着许多不可蒸发的思绪。

轻松与忙碌既矛盾，又互为因果。忙碌不能不说是一种负荷，可人注定是要永远奔波的，谁能不劳而获？正是在这种忙碌中，人有时不再顾及许多平常的东西，或是亲人，或是朋友，或是窗外摇曳的树叶，甚至是沸腾的水，直到轻松下来的时候，才察觉到平淡中的精彩，人世中挚诚的宝贵。

清闲虽有轻松的意思，更多的是指偏安、偷闲、无所事事。若把清闲当追求，或为轻松而图清闲，则成了懒惰；懒惰是一种没有任何意义的消耗，懒惰之人难成大器。

不幸的是，不少人误把清闲当轻松、当幸福，羡慕那种“衣来伸手，饭来张口，没事到处走”的潇洒。这种“潇洒”，实则是一种短暂的、短视的、自我毁灭的“潇洒”。

有位机关公务员，每天干些简单得不能再简单的工作，余下的时间看报、喝茶、“煲电话粥”。起初，他还觉得这样的生活“很美”，时间一长，郁闷得要死：“这样的日子简直是浪费生命，实在受不了……”

活力源自活动。无所事事，任时光从指尖划过，那不是轻松，不是享受，更不是幸福，而是生命力的浪费与萎缩，是折磨、摧残和扼杀活力的陷阱。

古人说，“难得浮生半日闲”。实际上，“闲”与工作和劳动联系起来才有意义和价值；脱离了工作和劳动的“闲”，不是休闲，而是游手好闲，是生活的最大敌人，使人空虚，失去寄托；使人郁闷，心情压抑；使人孤独，脱离群众；还会闲而生事、无事生非，闲而失志、无所作为。

一位乡绅，本有一块不薄的地产，生活富裕而富足。后因懒惰成性而致家道中落，就把一半的地产卖掉用于还债，剩下的一半地产租给了一位勤劳的农民，租期20年。

20年后，这位农民不仅交付了租金，还想买下那块租来的土地。乡绅非常吃惊，将信将疑地仔细打量这位农民，说：“我不用交租金，靠两块这样大的土地都不能养活自己，而你每年要交付给我200元的租金，哪儿来的钱买地？”

“道理很简单”，这位农民回答说：“你整天坐在家里坐享其成，却不知道坐吃山空；而我日出而作，日落而息，任何劳动都是会得到回报的。”

享了清闲，误了收成。既想享清闲，又想什么好处都沾、什么好处都占，天下哪有这等好事？

清闲可以轻而易举地毁掉一个人，还可能毁掉一个国家、一个民族，乃至整个人类。古代波斯人正是因为好逸恶劳、贪图享受，而被亚历山大征服。

伏尔泰说：“如果要把幸福人生的经验用一句话来概括，那就是‘工作在前，享受在后’。这是在任何情况下走向成功的秘诀。”选择“工作在前，享受在后”，还是“享受在前，工作在后”，是决定一个人是轻松还是清闲的分水岭。

当然，“闲”，只要不是偷闲，偶尔为之无甚大碍，特别是对那些渴望成功而一时有所懈怠的人来说，并非不可原谅，适度的清闲还可能激发人的斗志。

轻松是“加油站”。假如你因工作忙碌而备感轻松的可贵，那么你虽身心俱疲，却会收获成功的欣喜。清闲是“糖衣炮弹”。假如你因清闲而沉闷空虚，最终会毁灭自己的人生。

你是清闲还是忙碌？若是百无聊赖，就得快快发动自己，放下已翻过千回百遍的小说，扔掉早已看腻的杂志，离开那张使你懈怠、使你腰酸背疼的沙发，试着用工作填满生活，那么，辛勤过后必是轻松的愉悦，汗水浇灌的必是属于你的青青芳草地！

学会乐观，以豁达抵御偏执

泰戈尔说："世界上的事最好是一笑了之，不必用眼泪去冲洗。"乐观是人的天性，却也离不开后天的经营。在心中栽下一棵快乐的树，可能它的根是苦的，但结出的果一定甜如蜜。

不因牢骚而郁闷

牢骚太盛防肠断，风物长宜放眼量。

【当代】毛泽东《七律——赠柳亚子先生》

人活在世上，欲望需求多种多样，而且这些欲望需求总在发展变化，加之社会又很复杂，因此总有得不到满足的时候。而当行为目标无法实现或违背个人意愿时，人就会产生不平之感、烦闷不满的情绪。把这种感觉和情绪用语言宣泄出来，就是发牢骚。从这个意义上讲，发牢骚是人本能的一种放松。

发牢骚有不同的形式，或直抒胸臆，或指桑骂槐，或暴跳如雷，或自我折磨，等等。应当说，人在心不平、气不顺时，发泄一下郁积在心里的烦闷乃至不满情绪，既是人之常情，也是一种廉价、简单而又能减轻烦闷、忧愁、痛苦的放松方法。但凡事过犹不及，若是不分时间、场合和对象，不分青红皂白，见人就发；不顾及他人的感受，想发就发；虚火重、牢骚盛，发起来没完，那就不应该了，不仅不应该，对自己也不会有任何的好处。首先，牢骚太盛伤心伤身，对人的身心健康有害无益。其次，牢骚太盛惹人烦，容易引发人际关系的紧张。最后，牢骚太盛影响个人发展，不利于成长进步。

当然，任何事物都是一分为二的，对于牢骚不能一概否定，在牢骚之中也可以发现闪光点和积极性，不少合理化建议就是牢骚的产物。因而，偶尔将牢骚作为精神上的一种宣泄未尝不可，但绝不能使之成为习惯，否则，它只会使人难堪、丢丑，惹出一些不必要的麻烦。即便非发牢骚不可，也要把握发牢骚的时机，不该发的时候坚决不发；把握发牢骚的场合，想发也不能随便发；把握发牢骚的对象，当对谁发就对谁发。

一般而言，人之所以发牢骚，主要缘于对个人处境的不满意，对他人的长处、取得的成绩不服气，如当个人的利益受到侵犯时，才能得不到发挥时，心境得不到理解时，处境不尽如人意时，常常会以牢骚的形式表现出来。客观地讲，有些时候、有些不尽如人意的事情，确实是由一些外在因素造成的，但多数情况下则是因为人的私心杂念在作怪。比如在个人成长进步问题上，有的人左算右算转业也轮不到自己头上，可公布转业名单后却偏偏有自己，于是大为不满；有的人认为自己踏实肯干，提职升迁非自己莫属，结果提拔的却是另外的人，于是大动肝火；有的人认为自己年龄有优势，精简整编不会轮到自己，然而上级找自己谈话却是让编余，于是血压上升、心态失衡，等等。

英国有个作家说："发牢骚的人能获得的并非是同情，而是轻蔑。"事实也是如此，"山锐则不高，水狭则不深"，一个处处对生活充满抱怨的人，在旁人看来，即便不说他心理有障碍，至少也会认为他的思想境界不高、心胸不够开阔。所以，面对牢骚，正确的做法是控制和消解、转移和升华，尽可能地把不满化为激励自己的力量。就算碰到对自己"不公"的人和事，冷静分析便会发现，很多时候并不是因为事情本身有多么复杂，并非真的是"命运不济"、"上天不公"，而是因为自己想不到、想不通、想不开，思维方法不科学，缺乏理性所造成的。

先说“想得到”。拿每个军队干部都会面临的转业问题来说，这方面的政策规定非常明确，只要是在政策规定范围之内的事情都是可能的，不存在对与不对的问题。一旦年龄到限、职务到“杠”，被“框”进政策规定范围之内，为什么安排别人转业想得到，安排你转业就想不到呢？因为自己想不到就发牢骚，说轻点，说明你对政策规定了解太少；说重点，说明你觉悟低，不服从组织决定。所谓国有国法，家有家规，有规矩才能成方圆，当我们在工作生活中心有不平、气有不顺时，不妨对着这些“规矩”扪心自问，相信再多的怨气也会烟消云散。

次说“想得通”。很多事情，基本标准都是一样的，只是每个人看问题的视角不同，与组织、与领导、与社会要求可能会存在一些差异。这些差异既现实存在，也是很正常的，并不表明什么事都上不得“台面”。比如用人问题，领导和群众都想用好干部，只不过群众对身边的干部较为熟悉，而领导掌握的情况和人选更全面一点，考察干部的渠道更多一点，所以用谁不用谁都不必大惊小怪。不能因为用了自己心仪的人就唱赞歌，用了自己看不上眼的人就埋怨世道不好，没用自己就跳起来骂娘，这种心态不正常，也不是实事求是。反过来说，如果你被提拔时别人也这么对你指指点点、说长道短，你会作何感想？

再说“想得开”。任何事情都有不同的走向，很多种可能，很多种结果，这是不以人的意志为转移的客观规律，不是我们所能左右的。因此，对发生在身边、发生在自己身上的每一种可能，都要有心理准备，不能仅往好处想，一条道走到黑，一旦不遂己愿，就心理失衡、牢骚不断。正确的做法是既要往最好处想，也要作最坏的打算，这样，不管出现何种情况，都能应付自如。

想得到、想得通、想得开，体现的是一个人的胸怀和境界。实践证明，那些胸怀宽广、境界高尚的人，不管碰到什么样的“意外”，都能“任凭风浪起，稳坐钓鱼船”。

人生之路从来不会一帆风顺，都会有起有伏，甚至会遭遇到“暴风骤雨”、“电闪雷鸣”。在这种情况下，能不能保持一颗平常心，不仅是对一个人心理状态的考验，也是检验其人品人格的“试金石”。事实证明，那些能够走出逆境、迈向成功的人，都不是一味抱怨生活诅咒人生，发牢骚、泄忧愤的人，而是善于冲开心灵上的障碍，勇于改变心境、改变生活、改变自身命运的强者。

不因悲观而郁闷

不乐损年，长愁养病。

【北周】庾信《闲居赋》

人人都想天天有个好心情，但人生不如意事“十之八九”，小到没酱油了，出去买偏偏赶上大小店面关门；大到事业受挫，干啥啥不顺，等等，都容易使人郁郁寡欢，内心充满愁云。这种因喜欢、热爱的对象遗失、破裂，以及所盼望的东西没有达到或需要得不到满足后产生的消极情绪，就是悲观。

悲观的程度往往取决于所失去的东西的价值。价值越大，悲观情绪越重。如亲人的突然亡故，很容易引起极度的悲观。

悲观是一种消极的、不愉快的情绪体验，它的发生总是伴随着生理特别是心理的变化。尤其是长期的悲观，容易使人的整个心理活动失去平衡，造成人的生理机能紊乱，扰乱人的神经系统的调节能力，进而影响消化系统、内分泌系统的功能，降低人的免疫力，使人患上多种心理性疾病，如神经官能症、失眠等。癌症、高血压、心脏病等重大疾病也与悲观等消极情绪关系密切。美国著名心理学家赛利曼博士，花了 20 多年，找了一万多人做心理实验，结果显示，悲观的人往往无病成有病、小病成大病。

悲观情绪还会影响一个人的认识力和创造力，使人的大脑处于不协调状态，压抑阻碍人的感知、记忆、思维和想象等认知机能，影响人的智力，抑制人的理智，使人反应迟钝、记忆力减退、思路闭塞、人际关系出现障碍，工作、学习和生活无热情，注意力不集中。

人的情绪无处不在，情绪又影响着人的心态，而消极悲观是一种有害的情绪，解决不了任何问题。就像高尔基所说，这种“像磨盘似的把生活中所有美好的光明的一切生活幻想所赋予的一切都碾成枯燥单调又刺鼻的烟的不良情绪，即便堆积得如一座小山，也于事无补。”

一位只有二十多岁的盲人，十六岁时因意外双目失明，靠拐杖一寸一寸地探寻人生。照常人的想法，他的内心一定非常痛苦，充满了悲观和忧郁，事实上并非如此。

一天晚上，这位盲人的邻居家来了几个亲戚，因自家屋子太小住不下，加之附近的旅店也关了门，无奈中只好求助于他。面对邻居的困难，他满口答应，并热情地摸索着替邻居铺好床，摆好枕头，听着他睡下才闭灯出去。而邻居躺在床上，怎么也睡不着：这么年轻，这么善良，却双目失明，老天爷实在太不公平了，心中充满对他的怜悯之情。

次日早上，邻居还在睡梦中，忽然被一片刺眼的阳光晃醒。睁眼一看，原来是那个年轻的盲人拉开了窗帘。此刻，他正站在窗前，推开了窗子，对着正在东升的旭日，大口地吸了一口气，坚定而又自信地说道：“多好，太阳每天都从我的窗前升起！”

如果把人的一生比作耕耘，那么每个人的生命里都有属于自己的“责任田”，它是“丰产”还是“绝收”，不在于“田地”是贫瘠还是肥沃，而在于你采取什么样的心态去耕耘。心态消极，悲观厌世，怨天尤人，只会先被自己打败，然后被生活打败，进而“田地”荒芜、颗粒无收。反之，面对生活中的种种不如意，如果你能像那位盲人朋友那样，坚信每天的太阳都是新的、都会从自己的窗前升起，以积极向上的心态去用心浇灌，虽不能左右厄运，但可以改变自己的心情；虽不能重写过去，但可以创新自己的今天；虽不能延长生命，但可以提升自己的生命质量；虽不能保证凡事心想事成，但肯定能够改善自己的生活境遇。

心态决定命运。分析成功者与非成功者的区别，思考方式上的不同是二者本质上的分野，前者把一切往积极方向设想，因而他得到的报酬不止是心理健康和生理健康，还有蒸蒸日上的事业。由此也印证了这样一句人生箴言：积极的心态像太阳，照到哪里哪里亮；消极的心态像月亮，初一十五不一样。

有次我们到厦门参加读书班，乘船游海峡时，途中突然遇到暴风雨，船上的人都很紧张，只有一个来自台湾的老太太脸不变色心不慌。风浪过后，我们好奇地问老太太：“您为什么当时一点也不害怕呢?”老太太说：“我有两个儿子，大儿子去了天堂，小儿子就住在不远的金门。刚才风浪大的时候，我就暗自祈祷：如果接我去天堂，我就去看我的大儿子；如果留我在船上，我就去看我的小儿子。不管去哪儿，我都可以和心爱的儿子在一起，我怎么会害怕呢?”

境由心造。一位哲学家说得好：“在我们的生活当中，约有百分之九十的事是好的，百分之十的事是不好的。如果你想过得快乐，就应该把精神放在这百分之九十的好事上面。如果你想担忧、操劳，或者得胃溃疡，就把精神头放在那百分之十的坏事情上吧。”外界环境的变化必定会影响到人的心态，而真正影响一个人心态的不是别人，不是外因，往往是他自己。

面对人生路上不可避免地会遇到的困难和波折，扭转人生的第一步就在于抛弃一切负面的、消极的想法，懂得进退适时、取舍得当，学会接受失去、松开双手，这样就能成为掌握自己心态的主人。好比口渴了，有人给你半杯水，如果你想破坏自己的心情，可以愤愤地说："太小气了，才给半杯!"如果你想快乐，就会很高兴地想：终于有半杯水可以解解渴了。你就会感谢对方，你的快乐也会使对方快乐。

人生的道理就是这样：乐观与悲观只是一线之间的距离，每个人生活中得到的快乐与其对待生活的心态成正比。如果你心情豁达，宠辱不惊，"闲看庭前花开花落"，就能够看到生活中光明的一面，即使身处黑夜之中，也能享受到群星闪烁给你带来的快乐。把人生的这个"小道理"想通了就是天堂，你的心灵本身就具备了强大而永恒的"解毒"功能，在沉重中摆脱烦恼，在凄苦中抓住快乐，在压力下调整心态，在失败中找到希望；想不通就是地狱，永远也看不到生活中的七彩阳光。

面朝阳，不受凉。背向太阳的人，永远也走不出自己的影子。

心态是生命的"指挥棒"、健康的"晴雨表"。积极向上的心态是成功者的基本素质。用积极的心态指挥你的思想，才能控制你的状态，掌握你的命运，成就你的人生。

不因生气而郁闷

不动气，事事好。

【明】吕坤《呻吟语》

谁不会生气，谁没生过气呢？

生气是当一个人在事与愿违时的一种消极的情绪反应。通常表现为勃然大怒，敌意，怒目而视，乱摔东西等。这种消极的情绪反应是一种片刻的疯狂、理智的“短路”，只会“像一只反过来蜷缩的刺猬，用自己的刺折磨自己。”生一分钟的气，快乐就会失去六十秒。不止于此，人生气时往往不能控制自己的思想和行为，尤其是在情绪激动时，容易丧失理智，使有理变为无理，小过变成大祸，甚至做出蠢事、出格的事。陕西有位中学教师，因受不了学生的调皮，一气之下失手将一名淘气的学生打伤致死。

生气很少没有理由，却很少有一个好的理由。因此，在人际交往中，爱生气的人往往因为气量小、肝火旺、脾气大而难以交到知心朋友，使自己陷入孤立。若是让“有心人”掌握了你的这一弱点，知道什么事会让你发火，还会以此来控制你的情绪。

有位朋友讲，一次教他五岁的儿子使用剪草机，结果他心爱的郁金香花圃被儿子当草剪掉了。朋友脸都气青了，眼看他的拳头高高举起，被他爱人及时拦住："人生最大的幸福是养孩子，而不是养郁金香，何必为这点小事生气呢！"三秒钟后，朋友不再生气，一切归于平静。

情绪这东西很奇怪，控制得不好，你就是它的奴隶；控制得好，你就成了它的主人。

光绪年间，户部尚书、东阁大学士阎敬铭因家务事气得卧病不起，数月不见好转，诸多名医都束手无策。

一天，阎府总管在街上碰到一个声称能"医百人，顺万气，包治疑难病症"的道长，就把他请回府里为阎敬铭看病。

道长对阎敬铭望闻问切后仰面大笑说："人活不如畜活，思多气多，只图虚荣，焉能不病。"

阎府的家人听后纷纷指责道长无理，阎敬铭却忽地坐了起来，说道："骂得好，知我者，道长也。"

道长看阎敬铭还算"明白人"，又大笔一挥给他开了这样一副方子——"不气诗"：他人有气我不气，我本无心他来气。倘若生气中他计，气下病来无人替。请来大夫将病医，反说气病治非易。气之为害实可惧，诚恐因气将命弃。我今尝过气中味，不气不气真不气。

阎敬铭看完方子大笑，下床向道长深施一礼："心胸窄矣！"

没过多久，阎敬铭康复还朝。后来，他常常用"不气诗"调解心态，再不生气，活至百岁才过世。

"百病皆源于气"。医学研究表明，生气不仅影响心理健康，还会导致高血压、失眠、心脏病等多种疾病的发生，进而研究发现，大多数所谓的"气"，往往是各人自己憋出来的，也是在拿别人的错误惩罚自己。

话说回来，"怒即火，气即薪，火发添薪难息。"人都有七情六欲，遇到外界的不良刺激时，难免情绪激动，因怒生气。这是人的自我保护本能引发的生理和心理反应。但也不能因此随情绪起舞，放纵自己的情绪会使人丧失冷静和理智，不计后果地行事。因此，遇有不如意事时，与人闹矛盾时，要懂得忍耐，不能像炸药包一样一点就着。

德国精神治疗专家蒂兹说："我们似乎创造了这样一个社会，人人都拼命地表现，期望获得成功，达不到这些标准心里就不痛快，便产生耻辱感。"细究一些人的苦恼之源，往往是由于在现代的"嗜欲场"上，热衷于金钱、名利、地位等这些所谓成功的标准，达不到就苦恼。什么程度算达到？自己也搞不清楚，只能永远苦恼下去，进而大动肝火，看什么人、什么事都不顺眼。

如此看来，要想不生气、少生气，关键是要堵住"苦恼"这个愤怒之源，把心胸放得开阔一些，把名利看得淡然一些，少些小肚鸡肠，摒弃私心杂念，这样才会少生气、不生气。

西藏有个叫爱地巴的人，他一生气就跑回家去绕自己的房子和土地跑三圈。后来，他的房子越来越大，土地也越来越广，而一生气，他仍要绕着房子、土地跑三圈，哪怕累得气喘吁吁，汗流浃背。

一次，孙子问他："阿公！您生气就绕着房子和土地跑，这里面有什么秘密？"

爱地巴回答说："年轻时，我一和人吵架、争论、生气，我就绕着自己的房子和土地跑三圈，边跑边想——自己的房子这么小，土地这么少，哪有时间和精力去跟人生气呢？想到这里，我的气就消了，就有了更多的时间和精力来工作、学习了。"

孙子又问："阿公！您年老了，成了富人，为什么还要绕着房子和土地跑呢?”

爱地巴笑着说：“老了生气时我绕着房子和土地跑三圈，边跑我就边想——我房子这么大，土地这么多，又何必和人计较呢？想到这里，我的气就消了。”

生活是一面镜子，谁对它笑，它就对谁笑；谁对它哭，它就对谁哭。如果成天以一种痛苦、悲哀甚至愤怒的感情去生活，生活必将沉闷而灰暗；若以欢愉的态度对待生活，包括那些不如意、不顺心的事，生活就会充满阳光。

马克·吐温是著名的幽默作家，可这位制造笑料的人，自身的经历却是悲剧性的。他从小就经历了种种苦难，两个哥哥和一个姐姐在他年轻时相继去世，他的四个孩子也一个个先他而亡。但他仍然相信，如果以欢笑为止痛剂来减轻来自生活的压力，也能得到乐趣。他说：“在生活的舞台上，学着像个演员那样感受痛苦，此外，也学着像个旁观者那样对你的痛苦发出微笑。”

鲈鱼鲜美，偏偏多骨；海棠娇媚，却无香味。苏东坡作“鲈鱼无骨海棠香”，那是以诗人的幽默告诉世人：人生总有无数的缺憾，即使是一生再完美的人，也不可能万事圆满。遇到沟沟坎坎、气不顺时，若能想得开、忍得住、放得下，善于平静地面对现实，善于理解事物，善于多角度思考问题，就能保持一种心安气平的心态。

“太阳光大，父母恩大，君子量大，小人气大。”爱生气的人不一定是小人，深谙“不生气就是厚爱自己”的人才是谦谦君子。

不因自卑而郁闷

心坚好事有成时。

【宋】卢炳《踏莎行》

一个壮小伙拉着满满一车西瓜，在一个陡峭的山坡前犹豫地停住了脚步。这时，过来一位老人主动帮他推车上了坡。小伙子连声称谢，老人却说：其实我患有严重的关节炎，根本没法使劲，是你自己把车拉上来的。

“成功的第一秘诀是自信。”一个人一生的成就有与无、大与小，其实都是与他的自信成正比的。自信是取得成功不可或缺的因素，是一笔最重要的人生财富，拥有自信的人，也就拥有了成就自己的基础。有位朋友原本家里很穷，大学毕业后只身到南方闯荡，风雨飘零中尝尽了生活的艰辛、世间的酸楚和人情的冷漠，但他从不轻言放弃，始终保持着健康向上的心态和自信，他经常告诫自己：我能行，我有自己的优势。最终，他成功了。

如同一面充满魅力的旗帜，自信能把成功招至账下；好似一簇热情的火焰，自信能够燃烧自己也能感染他人。一个充满自信的人，就像一把出鞘的剑，寒光闪闪，无坚不摧，无往不胜。

与自信相对应的是自卑。自卑像根受潮的火柴，怎么擦也难以点燃前进路途之灯；如一辆超负荷的汽车，喘着粗气裹足不前；像一条“永远腐蚀和啃啮着心灵”的毒蛇，吸取着心灵的新鲜血液，并在其中注入大量“厌世和绝望的毒液”。

自卑，就是轻视自己，认为无法赶上别人。自卑心理则是因为对自己的能力评价偏低而形成的消极处世的一种心理状态。自卑的人往往性格孤僻、自我封闭，与外界隔绝；胆小怯懦，不敢也不愿承担责任；意志消沉，经受不住挫折和失败的打击，对自己的能力产生怀疑；抑郁寡欢、不苟言笑，对生活缺乏兴趣，甚至产生轻生念头；脾气暴躁，动不动发怒。对懦弱者而言，它是枷锁、桎梏，使人越挫越无助，进而自怨自艾、一蹶不振甚至自暴自弃；对正常人来说，它是腐蚀和啃啮心灵的毒蛇，使人逐渐意志消沉、怀疑一切，进而迷失自己，失去前进的动力。

自卑心理的产生是多方面的。奥地利著名心理学家阿德勒将其产生的原因主要归结为外界环境因素、个人生理状况因素、能力因素、性格因素、价值取向因素、思维方式因素、生活经历因素等七个方面。除这七个方面，期望值得不到满足也是一个很重要的原因。

“天下无人不自卑”。作为一种反常的自我意识，一种消极而有害的情绪，几乎人人都或多或少、或轻或重地自卑过。为什么？除了人固有的嫉妒天性的因素之外，还与潜藏在人心灵深处的完美心态有关。由于对体格、人格、能力等过于追求完美，当理想与现实无法重叠或差距很大时，就容易产生自愧弗如的自卑感。

面对自卑这个生活在绿洲上的“瘟疫”，人人都对它避之唯恐不及。但谁也不能否认，每个人都会在一方面甚至多方面技不如人，这种情况下，人很容易被自卑所折磨。这是事实，也是很自然的事，并不代表自己无能，也不意味着“天要塌下来”，更不应该把这种差距作为失败和逃避的借口，而应该昂首挺胸，充满自信地对自己说“我能行”！

有位画家，透过窗户看见一个乞丐坐在街道的一角乞讨，于是提笔为乞丐作画。他不拘泥于形式，而是做了几处重要修改，在乞丐浑浊的眼中加了几笔，使双眼闪现出追求梦想时的不羁；拉紧乞丐脸上松弛的肌肉，使之看上去充满钢铁意志和坚定决心。作品完成后，他把那个正在乞讨的乞丐叫了进来，让他看那幅画。乞丐并没有认出画中人就是自己。“这是谁?”他问画家。画家笑而不语。接着乞丐看到画中人和自己有几分相像，犹豫着问道：“是我吗?”画家回答道：“这就是我眼中的你。”乞丐挺直腰杆说：“如果这是您眼中的那个人，那他就是将来的我。”

此事说明，自信源自于自知。如果你相信自己是块丑石，那么你可能永远是一块丑石；如果你相信自己是块无价之宝，那么你就是无价的宝石。事实也是如此，即使乞丐，身上也存在着杰出的品质！所以，你可能不擅长数学，却可能擅长语文；可能不擅长语文，却可能擅长音乐；可能不擅长音乐，却可能擅长绘画；可能不擅长绘画，却可能擅长体育；可能不擅长体育，却可能擅长演艺；可能不擅长演艺，却可能擅长经营……“尺有所短，寸有所长”，总有一种专长、一样技能，会让你大放异彩、出类拔萃。这样想，你还会自卑吗?

有哲人说：“没有经过你的允许，没有人能够让你自卑。”人的潜能有时真是超乎想象，只要树立起战胜自我的信心和勇气，每个人都可能释放出非同寻常的能量。

世界冠军、“亚洲飞人”刘翔有句著名广告词：“我是刘翔，每个人都是刘翔，相信自己，做最好的自己，我能!”生命的旅途中，有顺境，也有逆境；有成功的喜悦，也有失败的苦涩；有荆棘棘手，也有河流挡道，只有拥有自信的人，才可能做“最好的自己”。

不因嫉妒而郁闷

嫉前无亲。

【西汉】司马迁《资治通鉴·魏纪》

嫉妒，俗称“红眼病”，是在与人进行比较中发现自己在才能、名誉、地位或境遇等方面不如别人而产生的一种由羞愧、愤怒、怨恨等组成的复杂情绪状态。

作为一种较为常见的心理现象，每个人都可能有过嫉妒，只不过程度不同而已。程度浅的嫉妒，往往深藏在人的潜意识里，不易被自己和他人察觉。如好友比自己有能力、有才华，虽然不想对其进行攻击，但内心深处总有一丝隐隐的酸楚。

从性质上讲，嫉妒可分为理性的嫉妒和非理性的嫉妒。看别人比自己强，心里不服气，暗下决心要通过自己的努力超过别人，这种人的嫉妒感就属于理性的嫉妒。这种嫉妒具有“可转化性”，引导得当，能激发人的“好胜心”和斗志，使人奋起，催人向上。一个人有点“好胜心”还是必要的。

宋朝徽宗皇帝喜欢书画。一天，他在市面上看到有人专卖驴画，便问随从：天下何人画驴最好？随从一时答不出来，便火速四处打听。被问者中大多说有个姓朱的画家是专门画驴的。

那画家叫朱子明。当他接旨进宫为皇帝画驴时，简直哭笑不得。因为，他本来是个很有功底的山水画家，在当地很有名气，同行们嫉妒他，便四处给他造谣，贬低他，说他是个驴画家。

哪知皇帝将他人对朱子明的贬辱当真。朱子明进宫后，心里憋着一口气，苦心为皇帝画驴，先后画了数百幅，深得赏识。朱子明也因此成为“天下第一画驴人”。

与理性的嫉妒不同，同样是看别人比自己强，被非理性的嫉妒左右的人，心里想的不是如何奋起直追、迎头赶上，而是专门挑剔别人的缺点、毛病，唯我独尊，唯我独能。即使在明显不如别人的情况下，也认为别人没什么了不起，甚至诋毁对方。自己不行，也不让别人行；自己不好，也不许别人好。这种人就像“小人国”中的矮子，总是瞪着“不甘示弱”的眼睛，千方百计地想把别人也拉矮，同他穿一个尺码的裤子。因而，这种嫉妒具有“排异性”，眼里容不下别人，处处只想自己；具有“攻击性”，容易使人丧失理智，干出傻事、蠢事、糊涂事；具有“可变性”，往往随时间、环境、对象以及自身条件的变化而变化。

一般而言，非理性嫉妒常常伴随着愤怒发作，使人失去心理平衡，变得心胸狭窄和郁郁寡欢，引发多种疾病。

而且，由于非理性嫉妒的要害是处处以“我”为轴心，以私利为半径，只想自己的荣誉、地位、利益和前途，置他人利益与集体利益于不顾，所以它只会害人、害己、贻害事业。

说它害人，是说它破坏人与人之间的正常关系和友谊，即使一向要好的朋友，因嫉妒也会反目成仇。

说它害己，是说古往今来，好嫉妒的人大都没有好结局。战国时期的庞涓嫉妒孙膑，三国时期的周瑜嫉妒诸葛亮，都是如此。

说它贻害事业，是说一个单位的同事，如果相互嫉妒，不仅伤害个人感情，而且影响工作，妨碍单位建设。

有人说“人生重在自我完善，而不是击倒他人”、“与其嫉妒别人，不如完善自己”。然而，非理性嫉妒虽然是一种无知的表现、一种愚蠢的痛苦，却很容易在人的心中生根、发芽，尤其是虚荣心强的人、心胸狭窄的人、贪婪的人、有野心的人，最容易沾染这种“红眼病”。

心理学知识告诉我们，各种各样的心理不平衡，大都是由于对事物缺乏正确的认识而引起的。非理性嫉妒也一样，由于每个人都有超过别人的欲望，但囿于主客观原因的限制，这种欲望不一定都能得到满足，得不到满足就是一种无形的挫折。这种挫折感，又往往是由于不能正确估价自己造成的。在错误估量自己的前提下，如果别人得到的自己得不到，就会心理不平衡，甚至失去理智地诋毁别人。这是非理性嫉妒心理产生的重要根源。

因而，要割掉非理性嫉妒这块心灵上的“肿瘤”，关键是思想上要树立远大的理想，自觉破除自私自利的极端个人主义，从病态心理中解放出来，建立起辩证科学的评价方法，正确看待自己，正确看待别人，正确看待组织。

全面地看，就不会被非理性嫉妒左右。只看自己的长处不看自己的短处，只看别人的短处不看别人的长处，以及放大自己的短处忽视自己的长处，漠视别人的长处紧盯别人的短处，都不是正确的心态，都不是实事求是，而是自欺欺人，只会招致嫉妒心理滋生。事实上，再能干的人，也会有某些弱点和短处；不能干的人，也会有某些优点和长处。一个人既不可能万事都超过别人，也不可能时时处处落在人后。别人比自己优秀、比自己进步快，一方面要豁达大度，另一方面又不能自甘落后，要暗暗使劲，敢于与之再较量一番，这才是强者的心态。

辩证地看，就不会被非理性嫉妒左右。梅花自有梅花的芳香，何必嫉妒桃花的妖艳？兰花自有兰花的高雅，何必嫉妒玫瑰的光彩？牵牛花枝蔓蜿蜒，别具一格，何必因荷花亭亭玉立而气恼呢？别人在某些方面胜过自己，自己也可能在某些方面领先于别人。因此，人既不能自卑，也不能自大，而要勇于面对现实，可以不服输，不服输是为了不故步自封；该服输就服输，服输才能虚心向别人学习，取长补短。如此“一把斧头两面砍”，才能正确理解和看待自己及他人的长处与短处，笼罩在心头的嫉妒阴云也自然会被驱散。

积极地看，就不会被非理性嫉妒左右。每个人都生活在竞争的环境中，越是在具有竞争的环境中，越要以积极的心态来看待自己与他人。若总是拿别人的“亮点”与自己的“暗点”作比，就会越看越消极，越比心理越不平衡。既不自惭形秽，又懂得容纳、接受和赞美他人，把他人的成就看做是对社会的贡献，当成美丽的风景欣赏，而不是对自己权利的剥夺或地位的威胁，不仅嫉妒不会来敲你的门，还会使你在各方面达到一个更高的境界。

虽说嫉妒没有“假期”，也从不“厚此薄彼”，但“每一个埋头沉入自己事业的人，是没有工夫去嫉妒别人的。”如果你有一个奋斗目标，不断向自己提出更高的要求，就不会将眼睛盯住别人的一举一动，不会为一些小事伤脑筋，不容易为自己暂时的后进和别人暂时的先进而计较，嫉妒之心也就自然不会与你为伍。

不因挑剔而郁闷

自家好处掩藏几分，这是涵蓄以养缘；

别人不好处要掩藏几分，这是浑厚以养大。

【明】吕坤《呻吟语》

“挑剔”，即在细节上“横挑鼻子竖挑眼”，是不正常的心理表现。而产生这种心理状态的原因，要么是因为自视甚高，轻看他人，习惯于对他人品头论足、说长道短；要么是因为自卑自弃，潜意识里实际上是看不惯自己，但在“投射心理反应”的作用下，变成看不惯他人。无论是哪一种原因造成的挑剔，都会引发人际关系紧张。

有两个搞雕塑的朋友，既是好友又是“敌手”，动不动就为对方的作品“打嘴巴官司”。有次我们到其中一位朋友的工作间看他创作，没等我们开口说话，就听见他那特有的大嗓门在嚷嚷：“我那个死对头一定又会在这个地方鸡蛋里挑骨头的！”我们不解地问：“既然你知道他会批评这个地方，为什么不先修正好呢？”他笑了：“我就是故意要让他挑剔才这么雕刻的，如果他不再批评，我的创意也就没有了。”后来，喜欢挑他刺的那位朋友因心脏病突然发作去世，而他竟真的再也创作不出独具创意的雕塑作品了。

看到这里，有的人也许会问，挑剔既然能让搞雕塑的人碰撞出创作灵感，怎么又说它是一种毛病呢，这不是自相矛盾吗？其实不然。这里有个挑剔的动机问题，即挑剔的目的是有意与他人过不去，还是为了追求完美。若是因为后者，适当的挑剔会让你有可能并有能力去领悟生活的真诚，去释放对于生命的热情，去追逐心中对于生活的一份美的设想。这种挑剔，其实是一种认真的态度和一份独醒的坚持，不仅无愧于心，而且理应再挑剔些才是。

有经验的主妇都知道，形状、颜色异常的蔬菜一般不能买，因为这种蔬菜很可能是用激素处理过的；叶子上虫洞较多的蔬菜不能买，因为多虫的蔬菜很可能残留着过量的农药；施肥量大的蔬菜不能买，因为化学肥料施用过多会造成蔬菜的硝酸盐超标，而硝酸盐与胃肠道内的次级胺合成的亚硝胺又是一种高致癌物。你看，不“挑剔”些能行吗？

最要不得的是那种故意“找茬”的挑剔，这种人只会惹人气、遭人厌、讨人嫌，本人也会活得很累。有天加班误了晚饭，我们到单位就近的一家大排档吃刀削面，隔壁饭桌上的一位女士落座后，先点了一份煎鸡蛋。煎鸡蛋就煎鸡蛋吧，要求却特别得出格：“蛋白要全熟，蛋黄要全生，还必须能流动。记住了？”她敲着桌子对服务员说。

“好的！”女服务员微笑着点头称是。

“还有，不要用太多的油去煎，另外要加一点胡椒，少放一点盐。”

“好的！”女服务员依然微笑着点头称是。

“特别要注意的是，一定要乡下快活的母鸡生的新鲜蛋。”

“请问一句，”女服务员绵里藏针地说，“那母鸡的名字叫珍珍，您看是不是合您的心意呢？”……

人一旦自以为是，“门缝里看人”，势必就会挑剔；这种挑剔是可怕的，反映出人格的缺损，心智的失衡。

“忙碌的生活节奏，沉重的精神压力，使得人与人的关系也随之冷漠了。”生活中我们经常会听到这样的感慨。的确，发生在身边的不如意的事情，乃至他人“混”得比自己强，都很可能会诱发牢骚，看不顺眼的事情就变成了挑剔。久而久之，原本积极上进的心失去了热情，原本和睦友善的人际关系也奏出了不和谐的节拍。网上流行过的一首打油诗至今仍然令我们印象深刻：“苦干实干，做给天看；东混西混，一帆风顺。任劳任怨，永难如愿；会捧会献，杰出贡献。尽责尽职，必遭责难；推脱栽赃，宏图大展。全力以赴，升迁耽误；会赞会溜，考绩特优。频频建功，打入冷宫；互踢皮球，前途加油。奉公守法，做牛做马；逢迎拍马，升官发达。”

实事求是说，诗中描述的人和事确能在生活中“对号入座”，但不能因为支流而否定主流。反过来说，诗的作者就真的十全十美、没有一点瑕疵吗？不见得，兴许他就是个拍错马腿的失意者。

挑剔不好，怎样才能防止和杜绝挑剔呢？

首先，要培养乐观豁达的心态。古人说得好，宰相肚里能撑船，对不如自己的人，要多理解、多包容、多尊重，而不是全盘否定；对实力胜过自己的人，要知耻而后勇、奋起直追，而不是酸溜溜地挑刺。如此，你才不会愤世嫉俗、牢骚不断，也才能使你的生活更轻松、更愉快。当然，对于原则是非问题，就另当别论了。

其次，要客观公正地看待他人。世上没有完人，免不了有缺点、有毛病，相互之间应该多体谅，不能求全责备，不能总挑别人的不是。比如说，你有洁癖，有的人可能不大在意小节；你好静不好动，有的人可能天生一副大嗓门，等等。如果你既能接受对方的优点和长处，又能接受对方的缺点和毛病，就不会因此而大惊小怪、埋怨动怒；反之，如果你今天嫌弃张三，明天呵斥李四，把自己搞得灰头土脸不说，别人也不会给你好脸色。

还要懂得自我控制。遇到看不惯的人和事，在强烈的不满情绪即将爆发时，多提醒自己“三思而后行”，如此定能收到驱云散雾、稳定情绪的效果。同时，要注意及时与他人沟通，敞开心扉心灵互动，许多问题就会迎刃而解。

自然界中的万事万物都遵循着一个定律：既相互依存，又对立统一。台风虽会毁坏家园，却也能舒缓旱情；野草似乎一无是处，却能涵养水分；海滩上各种奇形怪状的卵石虽然扎手，但每一块都有不平凡的来历；草原上的小花虽不漂亮，却经历过风雨烈日的洗礼……见贤思齐而非“鸡蛋里面挑骨头”，你会发现每片树叶都不一样，都有它独特的一面。况且，人的生命有限，与其终日吹毛求疵挑人刺，不如以宽容之心相互欣赏！

不因长相而郁闷

美色不同面，皆佳于目；

悲音不共声，皆快于耳。

【唐】刘禹锡《浪淘沙九首》

“崇拜青春和美丽是我们时代的一种病。”现在生活条件越来越好，按照自己对生活的不同理解追求美、创造美、享受美，是每个人的正当权利，本来无可厚非。但事物就怕走向极端，走向极端就走到了反面。据报载，重庆市有个年仅 10 岁的单眼皮小女孩，竟威逼父母如果不带她去医院割双眼皮，“就从七楼跳下去!”

“爱美之心人皆有之”。爱美是人的天性，追求美是文明进步的一个重要内容，对长相不佳的人来说，使自己的外貌变得更美一些，无疑能给自己平添对生活的自信心，别人看起来也赏心悦目，还能为自己赢得更多走向成功的机会。中央电视台举办的主持人大赛中，个人形象、气质分不容忽视；求职应聘中，同等条件下，“美者”、“个性鲜明者”往往优先录用；空姐们优雅的仪态、灿烂的笑容，能够消除旅客长途旅行的疲劳。由此可见，美是生活中很重要的一部分，它就像一块磁铁，能使人产生一种亲和力，融洽人际关系；似一张无言的名片，有利于推销、展示自己的才能，从而为自己赢得更为广阔的创业舞台。

当然，这只是事情的一面，更重要的是，“美”是有着丰富内涵和宽广外延的科学概念，外在的美只是美的一个方面，不仅不是美的全部，甚至不是重要的内容，至少不是主要的内容。一来，外在美是短暂的，不论多么年轻美貌，人都会变老，满头白发、一脸皱纹。二来，外在美的作用是有限的，不论艳丽的花儿怎样独领风骚，游人最多欣赏一会儿。在一些特定条件下，外在美甚至会助长某些人的虚荣心，误以为通过漂亮而不是能力就能获得成功，这样的人多了，就会滋长社会的浮躁之风。再者，审美的标准随时间、环境的变化而变化，被所谓的“潮流”牵着鼻子走的人，是短视的人，没有主见的人，也是对自己的不信任，而一个连自己也看不起自己的人，不仅根本没有什么美可言，而且别人也会轻视你、瞧不起你。

有位战友到朋友家里做客，穿着一件普通的夹克，也没系领带。进屋后，战友一把脱掉上衣，扔掉鞋子，仅穿件毛衣和朋友聊天。如此没有任何隔膜的随意，双方都很放松，几个小时眨眼就过去了。谈天说地中不知怎么扯到美容上，战友笑着“刺激”他的朋友说：“好歹你也是个白领，又不是没钱，怎么不把自己的单眼皮整成双眼皮呢?”战友的朋友听后却一个劲地直摇头：“整得像朵花似的又能怎样？人家英国首相丘吉尔长成‘那样’，不也没影响他成为世界名人吗?”

这番话颇为引人深思：对现代人来说，人性之美、人情之美、人品之美、人格之美等内在之美与外在之美是统一的。重要的是，唯有内在美是长久的，能给自己、亲人和社会带来无限享受的永恒之美。就军人而言，美主要体现在外在的整齐划一、内在的阳刚之气。国庆50周年阅兵式上，飒爽英姿的一个个方阵以整齐的步伐、统一的发型和着装、端庄的军容行进着，不知全世界多少眼球为之聚焦。因此，我们绝不能把外在美作为工作、就业、交友的前置条件，而应把崇尚内在美放在第一位，努力理解美、把握美、追求美、创造美，为建设和谐社会增添一道道亮丽的风景线。如此一来，就算你原本貌不如人甚至“很吓人”，也能赢来一个属于自己的春天。

出生在农村的江西姑娘吕燕，一直梦想着在T形舞台上有所作为。然而，她虽然有着高挑的身材，偏偏生就细眉、眯眯眼、宽鼻梁、厚嘴唇。按中国人传统的审美标准来看，她的长相似乎有点“那个”，当模特更是做梦。但她没有自己瞧不起自己，没有被别人的看法左右，而是始终坚信通过提升自己的能力就能创造价值、赢得未来。

一个偶然的机会，一家法国模特经纪公司发现了她，并将她带到巴黎发展。在欧洲人眼里，吕燕有点像蒙古人，又有点像日本人，还有点像越南人，总之，是一张很东方的脸。

靠着自己的努力，四个月后，她在北京举行的法国大都会国际模特大赛中一举夺得亚军。这是中国模特当时在该类大赛中取得的最好成绩。

吕燕的“美丽之路”说明，要想让自己变得快乐一些，就必须停止将自己的相貌与别人作比较，因为那样只会让自己的情绪低落。聪明人应懂得欣赏自己，接受自己的相貌，即使事实上看起来只比“恐龙”略好一点。唯有如此，你才能每天都会过得比俊男美女还要神采奕奕、光彩照人。

有个小孩，相貌丑陋，说话口吃，而且因为残疾导致左脸局部麻痹，嘴角畸形，说话时嘴巴歪向一边，还有一只耳朵失聪。

为矫正自己的口吃，这个孩子模仿古代一位有名的演说家，嘴里含着石子讲话。看他的嘴巴和舌头被石子磨烂了，他母亲心疼不已，流着泪对他说：“不要练了，妈妈陪你一辈子。”懂事的他替妈妈擦着眼泪说：“妈妈，书上说，每一只漂亮的蝴蝶，都是冲破束缚它的茧之后才变成的。我要做一只美丽的蝴蝶。”

后来，他不仅能流利地讲话了，还参加全国总理大选。他的对手为了打倒他，就利用电视广告夸大他的脸部缺陷，还写了这样一句广告词：“你要这样的人来当你的总理吗？”在回击对手的人格侮辱时，他动情地说道：“我要带领国家和人民成为一只美丽的蝴蝶。”终于，他以高票当选为总理，1997年再次获胜，连任总理。这个人就是加拿大第一位连任两届、被人们亲切地称为“蝴蝶总理”的让·克雷蒂安。

人的一生中，有些东西是不能改变的，比如出身寒门，长相不佳，这些都是制约人发展进步的“茧”。可这有什么关系呢？只要还有自尊、自信、毅力、勇气，就可以破“茧”而出，成为一只美丽的“蝴蝶”。

学会逃避，以淡泊抵御诱惑

“胃口”好不是坏事；“胃口”大则非好事。什么都想得到的人，往往是什么也得不到的人。这就是生活的辩证法。

莫让“名”沦为包袱

浮名浮利过于酒，醉得人心死不醒。

【唐】杜光庭《伤时》

雁过留声，人过留名。“名”，即名声、名誉、名位。与名字一样，名声、名誉、名位伴随着人的一生。因而，对于它绝没有要与不要的问题，只有要什么样的名、怎样要名的问题。

名有实名、虚名及骂名之别。但凡自尊、自爱的人，当然希望留“实名”——人品高尚、成绩卓著等带来的美好声誉。但“实”与“虚”既相对又互为转换，是以淡泊的心态面对，还是刻意、挖空心思求名、贪名，态度、追求不同，结果自然迥异。

晋朝大臣杜预，一生战功卓著，学识渊博，被晋武帝授为“下南大将军”。为使自己的功名流芳百世，杜预专门请人刻了两块功名碑，上面记载着他的功绩，一块立于砚山之巅，一块沉于汉江之底，意即哪怕将来天塌地陷，高山与江底互换位置，总有一块碑石留存于世。

令杜预始料未及的是，“功名碑”不但没能使他彰显声名，反为后世耻笑。唐代温庭筠、张九龄等墨客骚人，都留下过关于杜预沉碑的贬句，尤以范成大“汉简书青已儿戏，砚山辛苦更沉碑”的诗句最为辛辣。

此事说明，美好声誉的得来，绝非自吹自擂、强拉硬扯就能行得通的。像杜预这种看似求实名，实为贪虚名的做法，不但不能泽被后世，反倒给后人留下谈资和笑柄。

现在之所以一些人做工作生怕上级、领导不知道，喜欢把成果、政绩炒得沸沸扬扬，总想“窗户上挂喇叭——名声在外”，一个十分重要的原因就是对名的贪婪，而贪名的背后，又大多隐藏着个人的私心杂念甚至一些不可告人的“小九九”。有的试图借名谋权，有的是为了以名换利，也因此，这些人所说的话，所传达出的信息，要么言之无物、名不副实，要么夸张夸大、充满水分甚至包藏祸心。事实上，哪个人也不是傻子，假话、虚话、套话说多了，最终会露出“马脚”。一旦被人识破，岂止是贻笑大方，还会被人戳脊梁骨。

据报载，江西德兴市石油公司原经理杜伟旗在任 21 个月，受贿 21 万元，敛财速度不可谓不惊人。事发前，他给别人留下的却是“节俭”的“名声”——家徒四壁，简陋得不能再简陋；抽烟除了待客，很少超过 10 元一包……

另一贪官、武汉市原城管局局长明九斤做得更绝，一年四季总穿一双补丁摞补丁的袜子。他贪污腐化的丑行暴露后，被人戏称为“穿着破袜子，暗地捞黑钱”。

贪名的结果，只能带来人所不齿的骂名。这是由贪名者的出发点所决定的——把名作为谋利的筹码、谋利的手段，作为满足个人贪欲的最终目标。

研究创造活动的心理学家指出：追求名利是创造活动的重要刺激因素之一。对名利观端正的人而言，这种刺激因素是保持进取心，保持充沛精力，保持高昂工作热情的“强心剂”；对贪名者来说，它只能是暂时的“兴奋剂”。让“名”成为

"强心剂"，还是成为短暂的"兴奋剂"，取决于一个人对待名的态度是超脱还是贪欲。只有超越名缰利索羁绊的人，才能在前进的路上走得更远，所获得的名声也更响亮。

"新时期知识分子的楷模"马祖光，不仅科研成果令科学界赞叹，他对待名利的态度更让世人景仰。他曾"三拒"评选院士，在组织强力"干预"下评上院士之后，又谢绝配车、配秘书、调房等；发表论文，他一而再、再而三地把自己的名字调到最后。相反，在业务水平、科研项目，乃至祖国利益上，马祖光却当仁不让，争先恐后。1980 年，他以访问学者身份来到德国汉诺威大学，选择了一个德、法、美等国科学家皆没有攻克的世界性难题作为科研项目。经过 3 个多月的不懈努力，他终于获得成功。然而德方认为做实验用的是他们的设备，所以在论文署名中把马祖光的名字排在第三位。这一次，马祖光毫不相让，据理力争。德方研究所负责人心悦诚服地写下证明："发现新光谱，这完全是中国的马祖光一人独立做出来的"。

"虚荣的人注视着自己的名字，光荣的人注视着祖国的事业。"马祖光让来让去，"让"出的不仅是"有床睡，有馒头吃，有几件衣服穿"的清贫，更"让"出了一位科学斗士对身外物的大义淡然、共产党员的高风亮节。

历史的辩证法就是如此，挖空心思想留名声于后世的人，即使真的取得了很大成就，但为自己树碑立传、歌功颂德，往往会适得其反，到头来只留得断碣残碑、半江渔火，或功亏一篑，成为笑料，或徒有虚名、臭名远扬；而一生一世淡泊名利的人，却能取得始料不及、传之后世的辉煌成就。这是一个不以人的主观意志为转移的客观规律。

革命先驱邹韬奋说："一个人光溜溜地来到这世界，最后光溜溜地离开这个世界，彻底想起来，名利都是身外之物，只有尽一个人的心力，使社会上的人多得到他工作的裨益，是最愉快的事情。”人生在世，短短数十年，到底应该为后世留下些什么呢？是留下徒有其表或强拉硬扯过来的虚名呢，还是应该把精力和热情融入对事业的追求、为他人的奉献中，留下一番有意义的业绩和受人敬重的良好形象呢？确实值得每个人深思。

“利不可以虚受，名不可以苟得。”名利问题是每个人终生都会面临的课题。在名利面前表现如何，是对一个人品德修养的实际检验。人固然不能贪不该贪的“名”，但对于公、于国、于民都有好处的“名”，不仅该要，还应抢着要才是。否则，看似淡泊名利，实则推卸责任。

莫让“利”沦为累赘

好小利必有大不利。

【清】冯班《钝吟杂录·家戒下》

据说乾隆皇帝下江南时，看到运河上舟楫往来穿梭，人们四处奔波忙碌，便问手下他们在忙什么。他的近臣、贪官和珅回答说：“无非名利二字”。于是有人以纤夫拉纤为题写了一首诗：“船中人被利名牵，岸上人牵名利船。为利为名终不了，问君辛苦到何年？”

“利”，属于物质的范畴。应当说，人生在世对于利一般人大多难以免俗，包括工作、生活乃至人际交往在内的很多活动，基本上都与之有关。从这个意义上说，利是人生不可或缺的。也因此，人在利的诱惑面前很难心如止水。

一天，战士小刘的父亲发现他的储蓄卡储蓄额平白无故地多出了 5 万元，便“当仁不让”地分两次将卡内的存款全部取出，并注销了账号。

几天后，银行发现了这笔因电脑故障导致的错账，马上派工作人员到小刘家说明情况，并请求他父亲归还这 5 万元钱。小刘的父亲当时口头承诺三天后将钱送到银行，但由于部分资金已作他用，便只按期归还了 3 万元。此后，银行工作人员多次协商讨要剩下的 2 万元，都被小刘的父亲以种种理由拒绝。

小刘探亲回家得知此事的来龙去脉后，运用自己在部队学到的法律知识，将《民法通则》中关于“不当得利应返还”的规定，向父亲作了详细解释，并告诉父亲，如若不归还所剩下的2万元钱，银行一旦告到法院，输了官司还丢人。听了小刘的这番话，他父亲这才将2万元钱送到银行。

讲这件事的初衷，不是想通过批评小刘的父亲来抬高小刘本人，而是说，“利”固然该取，但应取之有“法”。那些不属于自己、不该自己得到的“利”，不但为法律所禁止，也为社会公德所不容。就算侥幸得手，自己的良心也会受谴责。

“扬州八怪”之一郑板桥有句名言：“难得糊涂”。在“利”的诱惑面前“糊涂”些，有时反倒是做人的“大清醒”。但不容否认，人都有私心，都有过美好生活的愿望需求。正因如此，在利的诱惑面前往往很难保持头脑的清醒。有位顾客到菜市场买菜，为少花钱多买菜，于是跟菜贩讨价还价。起先，菜主说什么也不同意，经不住这位顾客的死缠滥打，终于答应优惠一点。可当顾客选好菜付钱时，菜贩却变卦了，按原价多收了顾客1元2毛钱。顾客不干了，把菜往地上一扔，气鼓鼓地说：“不买了”，拔腿就走。菜贩见状连忙追上去，让顾客把菜捡起来。顾客就是不捡，菜贩一急踢了这个顾客一脚。顾客火了，顺手拿起菜摊上的秤砣砸向菜贩的脑袋。结果可想而知，顾客不仅要赔偿菜贩的巨额医药费，还被“请”进了看守所。

1元2毛钱引发了这桩“奇闻”警醒我们：人一旦被贪婪所左右，就会“吃不了兜着走”，铸成大错，招致大祸。

规避对利的诱惑，较为管用的办法是常想常用“三件宝”。

一是经常用自我剖析的"刀子"解剖自己。曾与我们共事多年的一位战友，家境并不是很好，父母常年有病，弟弟、妹妹的经济状况也很拮据，他与家属虽说收入稳定，但在驻地北京这个消费很高的大都市里，既要保证日常生活，又要兼顾父母亲的生活及养病，日子过得确实有些紧巴。每当手头捉襟见肘时，他家人便忍不住鼓动他利用休息日打打零工。为此，他也曾动心过，最终还是放弃了。他对我们讲，不是磨不开"面子"，也不是怕苦怕累，而是工作上的事情脱不开身，也怕如此一来分心走神、耽误正事。曾经的这些彷徨，也使他认识到，利多不一定好，利少不一定不好。多好还是少好，关键看生活是不是过得美满幸福。人的欲望是无止境的，有时越是短缺越懂得珍惜和满足。

二是经常用因贪利而栽跟头的"镜子"照自己。现在一些贪官，一贪就是成百上千万元，还有数不胜数的金银美器。为什么这些受党教育多年的党员领导干部"胃口"如此之大，这些财物他们真的用得完吗？事后仔细分析他们的落马履历，发现这些人之所以胆比天大，支撑他们贪欲膨胀的多半是侥幸心理。真到事发入狱，个个哭鼻子抹眼泪，丑态百出，不忍目睹。想到这些，心里就多了一些警醒：把利看得淡些，人才会有最起码的尊严。

三是经常用做人就要做无私坦荡之人的"尺子"量自己。有句古语至今让我印象深刻："放得下功名富贵之心，便可脱俗；放得下道德仁义之心，才可入圣。"虽说很少有人真的能够脱俗，入圣就更难了，但如果摆脱不了庸俗的尘世杂念，把利看得过多过重，心灵就不会有轻松的时候，眼睛也不会变得清澈明亮。

现在人们面临的诱惑和考验越来越多，稍不留神、小有放松就会出问题、犯错误，甚至走上犯罪的道路。为此，一位失足在牢狱中的罪犯“领导”语重心长地告诫世人：“可不要干给祖宗丢脸的事啊”。我们理解，在利的诱惑面前，始终保持慎初、慎微、慎独的心态，既是对自己的一生负责，也是报效国家、回报父母养育之恩的最好选择。

莫让“权”沦为工具

功名官爵，货财声色，皆谓之欲，俱可以杀身。

【宋】林逋《省心录》

曾几何时，宁夏出台了禁止私用、滥用公车的规定；四川成都开始给公车贴上统一标识，便于查处……

然而，这些年来，尽管公车改革的呼声高涨，但真正动真格的很少，有的地方往往是按下“葫芦”浮起“瓢”，多数地方则依然“按兵不动”。

公车改革之所以阻力重重，一个很重要的原因是触动了一些“官老爷”“当官坐轿”的痛处。车辆本是代步工具、方便秉公用权的手段，可在一些人眼里，它早已异化为权力和地位的象征。就像古时候几品官员必须乘坐几人抬的大轿一样，车要是没有了，“当官坐轿”的感觉也就没有了。说到底，还是“当官做老爷”的权力欲在作怪。

干事业抓工作需要权力，但权力既能使人高尚，也能使人堕落，形形色色的诱惑很多都冲着权力而来。明知处处有陷阱，为什么社会上还有那么多贪腐之人抵御不住权力的诱惑？除了可以享受“当官坐轿”的特权，至少还有三个让其迷恋的好处。

其一，权力带给人荣耀。自古以来，中国人都把做官作为衡量一个人本事大小的标准，官越大，权越大，说明能力越大，不仅光宗耀祖，家人跟着沾光，走到哪里，都会被别人高看一眼。

其二，有权好“办事”。可以施展拳脚，实现为民谋利、为民造福的理想抱负。这是理应秉公用权的正事。但权力既能办得民心、顺民意的好事实事，又能办谋一己之私的丑事，见不得光的坏事，普通百姓想办办不了的难事。

另一个看不见、摸不着的好处则是，权力是满足贪婪者非理性占有欲的不二法门，可以谋名，可以谋财，可以谋色，谋一切想得到而又不该得到的东西。

既然权力能带来这么多好处，无怪乎贪得无厌者“飞蛾扑火”，不顾一切地贪图权力，甚至不惜为它“殉职”。山西某国家级贫困县县委书记，短短三年多时间，通过明码标价批发“乌纱帽”的恶劣手法，非法牟利数百万元。本指望以这些不义之财铺路搭桥，谋更大的官、更多的财，哪知东窗事发，葬送了前程。

权力本无善恶，但权力的主体是人，体现着人的意志，而人都难免有认识和道德发展的局限性，这就使得权力所潜在的侵犯性和腐蚀性随时都有转化为现实的可能。若是意志薄弱，克制不住自己的私欲，任其膨胀，就会对权力贪得无厌。一旦对权力贪得无厌，就会像那位县委书记一样，不把“人”放在眼里，只认权力、地位不认人，为谋权什么事都干得出来，管你是不是损人利己，管你普通百姓死活；不把“理”放在眼里，变成一个完全、彻底、纯粹的利己主义者、官本位主义者，失去理智，为图权不计后果，不择手段，将人的良心、公德、职业道德、礼义廉耻等统统抛到九霄云外；不把“志”放在眼里，什么当官为民做主，什么理想、追求和抱负，怎么能当更大的官怎么干；不把“法”放在眼里，为了权力，可以想出一般人想不出来的“绝招”，做一般人想不出来更做不出来的“绝事”，甚至不惜以身试法，不把“格”放在眼里，不惜出卖人格甚至国格，去做那些不顾廉耻的事。

江苏省南通市原副市长潘宝才锒铛入狱后说过一段“名言”：“在看守所被关押后，感到很痛苦：一是戴手铐；二是拍犯人档案照；三是查监时蹲墙角；四是有事必须喊报告；五是天天与盗窃犯、强奸犯等关在一起，想想现在的处境，我的眼泪都流下来了。”

潘宝才的“肺腑之言”着实让人哭笑不得：早知今日，何必当初？实际上，“五个不放在眼里”，注定了潘宝才之流不会有好下场：失去民心，遭人唾弃；坏事干尽，必然走上断头台；一旦东窗事发，从“天上”到“地下”的巨大落差，让你连痛苦和后悔的勇气都没有。

过度的贪欲使人失去快乐之源；过度的权力欲会使人堕落。越是拥有一定权力的人，若是用权不公，所受到的伤害也就越大。从这个意义上讲，权力是把“双刃剑”，为民则利，为己则害。一旦让它姓了“私”，它就会变成为自己掘墓的工具。

有人曾问做过泥瓦匠的前联邦德国总理舒尔茨：“做国家元首与做泥瓦匠有什么相同之处？”他回答说：“两者都必须站在高处不头晕。”当一个人身处权力的高位，而又意志不坚，人生观、价值观偏移、私欲膨胀，不“头晕”才怪呢！因权力而晕眩，就容易混淆视听，难以判断正误，不可能干出什么有益的事情来。不贪权，才能保持头脑清醒，也才不会被权力的利刃所伤害。

不贪权，首先要搞清楚要权图什么。古时帝王将相中不乏征战于疆场、勤勉于朝政者，名曰图江山社稷、文治武功，实则为了封建统治阶级特别是个人、家族和小集团的利益。这些都不是我们尤其是党员领导干部图权的目的。正确的权力观是视权力为责任，视领导为服务，为民众办实事、谋幸福。因此，越是有一定的权力，越要上不越权、下不揽权，前不争权、后不弄权，公不放权、私不用权。认清“腐蚀”之害，勤养浩然正气；认清“小过”之危，注重防微杜渐；认清“放纵”之险，严格自警自律；认清“贪欲”之祸，拒非己之物于外。过去闹革命、打江山是这样，和平时期带领人民搞改革、奔小康更应如此。

江泽民同志说：“领导干部要堂堂正正做人”。做人是做官、用权的基础，有什么样的人品决定一个人有什么样的官德、怎样用权。不贪权，就要像江泽民同志说的那样做一个堂堂正正的人。

做一个堂堂正正的人，就要有一颗不为仕途升迁受阻而气馁的平常心；有不骄不躁、充满蓬勃朝气、昂扬锐气和浩然正气的良好精神状态；有耐得住清贫寂寞、挡得住各种诱惑的“定力”。这样才能在各种干扰面前，抗得住“忽悠”，始终坚持原则，恪守党性，秉公用权，做一名让党和人民放心的公仆。

莫让“财”沦为负担

多求贪心足，未足旋倾覆。

【唐】僧子兰《贪诫》

“有幸”看过贪官李真的赃物展：五粮液、茅台、轩尼诗、XO、马爹利、苏格兰威士忌……每一瓶都价格不菲，少则二三百元，多则上万元。其中一瓶路易十五，起拍价为12000元，一套12瓶装的生肖五粮液则高达18000元。除酒以外，还有高档服装、金银制品、名人字画、翡翠玉器、工艺制品、各种饰物等9大类，总共619件，起拍总价约为200万元……

李真无休止地搜刮这些东西，他根本吃不了、穿不了、用不了、玩不了，只是作为财物尘封在那里。这使我真切地悟出什么叫“欲壑难填”，什么叫“贪得无厌”。

作为七情之一，“欲”是先天的，必须承认它，这是一面，更重要的一面是如何处理。不论物欲还是情欲，必须有节制，限制在正当的范围以内。肆意放纵自己的欲求，按古人的说法，“求无餍足为贪”，陷入财欲的人，“睹利地而忘义，弃廉耻以苟得”，就会像李真之流那样贪婪恣肆，“什么东西都要，多少钱都收”，永不知足。

有位心理学教授带着学生就人对金钱的欲望进行调查。一天，他们来到街上，正好看到乞丐讨钱，教授过去向他问了几个问题。

第一个问题是：如果你现在有10元钱，你最想干什么？乞丐立即回答："我先跑到熟食店买只烧鸡，两瓶啤酒，找个僻静的墙根，吃个美喝个够，再晒着太阳睡一觉。"

如果你有100元钱呢？乞丐答："买两只烧鸡，3瓶啤酒，把在地铁口要钱的老伴叫上，好好地吃上一顿。然后找个招待所，痛痛快快地洗个澡，再美美地睡上一觉。"

如果你有1000元钱呢？乞丐一愣，难为情地答："可我从没有过1000元钱呢。"教授很严肃地说："我说的是假如。""那我先要买一身很好的衣裳，再也不睡在街上，让联防、公安问来问去，连个好觉也睡不上。"乞丐心酸地答。

如果你有10000元钱呢？乞丐头一昂高兴地答："我立马回老家，盖新房、置好地，春夏种庄稼，冬天打麻将。"

如果你有10万元钱呢？教授急切地问他。乞丐喜滋滋地走到教授身边悄悄地说："要和县里的大款一样，穿金戴银，住别墅、开小车，带小蜜到歌厅唱唱歌——天下的乐事都尝尝。"

教授和学生听后面面相觑，随即给了乞丐100元钱作为报酬。可乞丐接过钱后并没有像他说的那样，立即奔向熟食店，而是笑眯眯地看着教授，仿佛在问：还有什么问题，还能给多少钱？

口袋里无钱，存折里无钱，心里装满钱的人最苦。因为钱是水，欲望是船，想要多少钱就能产生多大的欲望，而欲望是很容易变为贪婪的。

唐代大作家柳宗元写过一篇《蝜蝂传》，大意是这种"善负的小虫"，"行遇物，辄持取，昂其首负之。背愈重，虽困剧不止也。"有人怜惜它，为它减去背上的一些负担，但它贪心不改，只要有一点力气，仍然拼命地往自己身上驮东西，以致不胜重负，坠地而死。像李真这类"今世之嗜取者"，就是典型的蝜蝂式人物。他们"遇货不避，以厚其室，不知为己累也。"而且随着权力的上升，"贪取滋甚"，其最终结局只能是像蝜蝂一样走向毁灭。

贪财积怨，祸害不远。对贪财者而言，会有什么样的结果和下场，其实他们比谁都清楚。之所以挡不住诱惑，一定程度上是因为要驱除心中的贪念确实不易。科学实验表明，鱼的记忆力极差，有的居然在两天里 10 次上钩，原因就在于它们贪欲太盛、"不长记性"。贪财者也一样，往往"只见饵不见钩"。

人，大都有想发财、过更好生活的愿望。圣人孔子就讲，财富如果可以求得的话，就是做市场的门卒我也干。如果求不到它，还是我干我的吧。必须承认，金钱不是万能的，没钱也是万万不能的。人都有基本的物质需求，这是由人的生存本能和社会属性决定的。但"君子爱财，取之有道"，人不能因此而放纵自己对物质的贪欲。因为贪如火，不遏则自焚；欲如水，不遏则自溺。不正当的欲望好比一个熔炉，如果彻底浇灭它的火焰，它就会熄灭，如果给它留个出口，它就会越烧越旺。

听人讲过一个故事：有个笨汉赚了很多钱，认为从此没有什么东西可以使他感到害怕的了。可不久之后就发现，自己已经面临死亡以及死亡带来的恐惧。这个故事警示我们，金钱并不能使人的心灵获得平静和安宁。对金钱的贪欲，就如萤火虫的闪光，只会吸引来捕食的猎者。

欲不除，如蛾扑灯，焚身乃止。而要驱除心中的贪念，必须自爱、自尊、自强、自律，经常提醒自己、反省自己。特别是对那些手中握有一定实权的人来说，更要时时以古时今日的廉吏清官为镜，“以不贪为宝”。

欲望是暴风骤雨，理性是罗盘。想想头上悬垂的那把正义之剑，还是不做贪食的鱼儿为好。因为，即使智商再高，行事再隐秘，就算天不知、地不知，自己的良心也会知道，并将因此而寝食难安。

莫让“功”沦为压力

功者自功，祸者自祸。

【唐】柳宗元《天说》

说起贪功，来头大、名声响的要数“上帝”。据《旧约全书·创世纪》记载，生命是无所不能的上帝花了七天创造的：

第一天，他创造了天地，地是空虚混沌，于是又加上了光，光称为昼，暗称为夜；第二天，他说诸水之间要有空气，于是空气也就成了天；第三天，他让水聚在一处，称为海，旱地就从水中露了出来，称为地，又让地生发了青草和结种子的蔬菜，以及结果子的树林；第四天，他说天上要有光体，可以分昼夜，作记号，定节令、日子、年岁，并要发光在天空，普照在地上，于是造了日月，分管昼夜，又造众星，普照大地；第五天，他造出了鱼和水中各种有生命的动物，又造出了各种飞鸟；第六天，他在地上造出活物来，牲畜、昆虫、野兽，各从其类，又照着他的形象造男造女，并赐福给他们，使他们管理海里的鱼、空中的鸟、地上的牲畜和土地，以及地上所爬的一切昆虫；到第七天，天地万物都造齐了，他的造物工作也告结束。

上帝造人造物的故事只是传说。实际上，生命的演变是个漫长的自然选择过程，从低级形式到高级形式，从简单生命到复杂生命，最终形成了丰富多彩的生命世界。这个化学进化与生物进化过程，是受自然规律支配进行的，上帝实在不应贪得半分功劳。但上帝贪功又是可以理解的，在过去科学不够发达的情况下，人们为了给自己一个“说法”，于是把功劳归到了上帝的名下。而在科技高度发达的今天，有的贪功者连“上帝”也难望其项背。

2001 年 8 月 11 日上午，甘肃省临洮县公安局缉毒队拦截了一辆兰州市的出租车，在车的后座上发现了一包可疑物品。经技术部门检验，这包重达 3669 克的物品含有海洛因成分。

据 29 岁的司机荆爱国交代，这包东西是一个男乘客托他运的“货”。法院认定，荆爱国的行为已构成运输毒品罪，且运输毒品数量特别巨大，依法判处其死刑，剥夺政治权利终身。

3669 克。这个数量是临洮公安局缉毒队成立以来缴获毒品数量最多的一次！上级公安机关的贺电很快传来，临洮公安局也迅速为经办此案的副局长张文卓、缉毒队队长边伟宏报请了二等功。至此，“英雄故事”似该圆满收场。富有戏剧性的是，兰州市公安局随后破获的另一起贩毒案，却在不经意间揭开了“8·11”特大运输毒品案背后的黑幕——

据兰州市公安局抓获的犯罪嫌疑人马进孝交代，他曾帮助临洮公安局副局长张文卓和缉毒队队长边伟宏“破获”了“8·11”特大运输毒品案：张局长和边队长让我把买来的一点儿海洛因加工成 3 公斤，我再想办法找人把东西送走，公安局的人就在路上抓，这样人赃并获。也就是说，轰动一时的“8·11”特大运输毒品案，原来是张文卓、边伟宏伙同马进孝布的“局”。

身为公安民警的张文卓、边伟宏为什么要这么做呢？在边伟宏的笔录中，他是这样为自己辩解的：“当时，我们当年的缉毒任务还没有完成，缉毒队在全地区公安系统的各项评比中位列倒数第一，为了完成任务我们才想到自己来‘做’一起案子，自己侦破，自己立功受奖。”

案件真相大白，“缉毒英雄”张文卓、边伟宏因涉嫌制造假案被依法刑事拘留；无辜的荆爱国则被幸运地从死亡线上拉了回来。但这桩旷世奇案留给世人的思考却永远值得回味：贪功者害人，贪功者害己。

人为什么要贪功？事实上，通过正当途径得来的功绩，非但无可非议，而且理所当然。贪功者则另当别论，因为他们对待功绩的出发点就不正确。一是借功谋“名”，为了扬名立万；二是借功谋“利”，为了个人得实惠；三是借功谋“权”，为了仕途升迁。说到底，是为谋一己之私。

人一旦在功劳问题上有了“小算盘”，就会变得“功”令智昏，什么丑事、坏事、荒唐事都干得出来。印度有支陆军部队，为获得战功奖章，竟在锡亚琴冰川伪造打败巴基斯坦军队的战斗场面，军官甚至让士兵躺在地上充当被打死的巴军士兵。

贪财、贪利、贪色者的嘴脸想必每个人都能说出一二，贪功者的丑行、丑态特别是危害则鲜为人知。原因是前一类的危害时空总有一定的限度，且易于察觉；贪功者却常常以“干事业”、“谋发展”、“树政绩”为借口，甚至打着“造福百姓”的幌子，很难发觉，即便发觉了，他们也会找出各种理由搪塞。但不管找什么样的借口为自己开脱，贪功与贪财、贪利、贪色在本质上并无二致，都是出于极端自私的心理，都是不择手段，都是为了达到利己的目的。用原天津市市委书记张立昌的话说：“贪钱、贪利是贪官，贪名、贪功也是贪官。”这种“贪”，集中表现在失当的“政绩观”上，热衷于花拳绣腿、表面文章，好高骛远、贪大求奢，摆花架子、搞短期行为，全然不顾“政绩”具有“潜在”、“累积”等诸多特点，盲目追求“显绩”，到头来只能是劳民伤财。

人们十分痛恨那些贪钱、贪利者，这不足为怪。因为他们所贪所占，是国家的资财、百姓的血汗，怎能不痛恨？然而，贪名、贪功类的贪官，造成的危害并不在贪钱、贪利者之下。投资3.2亿元、早已废弃的阜阳国际机场不仅是原安徽省副省长王怀忠贪钱、贪利的工程，也是其贪“名”、贪“功”的结果。贪功与贪名、贪钱、贪利往往互为连襟。

有这么一件事让广西某贫困山村的村民想不通：他们自筹资金修建的灌溉水塘边，突然多出来两块石碑，碑文称水塘是县水利部门设计的，而且有关部门承诺立碑后有“拨款”，但半年过去了，“拨款”始终没有音讯。同时，石碑上表述的投资数额等数据与实际相距甚远，这引起村民们的猜测和不满，有人用铁锤砸烂了其中一块石碑。

被村民砸烂的这块碑，一时间成为各大媒体口诛笔伐的“贪功碑”，因为它首先在抢村民的功劳，夺村民的荣誉。如果真是要为民办实事，何不在修建之时多做些具体的事情，比如给予资金支持，给予必要的技术指导，真如此，就是有那么点水分，群众也会接受。但相关部门却闭着眼睛等村民修完，然后突然拖来石碑，把别人的功劳占为已有，岂不可笑可悲又可恼？

被村民砸烂的这块碑，砸得应该，砸得理所当然。既是维护村民自己的名誉，也是尊重客观事实，还事实以本来面目。

好功求名、言而无信的“贪功碑”，还是不立的好。因为，也许你可以糊弄他人、糊弄群众、糊弄上级于一时，但最终会被砸个稀巴烂，与垃圾一起扫地出门。随之破碎和丧失的，又岂是一块看得见的“碑”！

莫让“色”沦为陷阱

放情者危，节欲者安。

【三国·魏】桓范《政要论·节欲》

按词典的解释，“色”分颜色、脸色、成色、景色及美色等。而美色对意志不坚者的诱惑最为巨大。

据中央电视台报道，一酒吧老板为快速“致富”，从社会上招来几个年轻貌美的女子，让她们通过网络聊天“钓”来有身份、有地位、有经济实力的男子到酒吧“幽会”，然后辅以武力，以高出市场十余倍的价格收取酒水费。采取这种黑心手段，酒吧老板不到一个月就非法牟利十余万元。令人奇怪的是，那些有身份、有地位、有经济实力的男子上当受骗后，竟无一人报警，甘愿吃“哑巴亏”。破获此案的北京警方事后分析，主因是酒吧老板利用了这些人贪色又“怕出丑”的心理。

“食色，性也。”爱美之心，人皆有之，无论男女，对美的东西都有“逐而得之”的心理驱动。只要不生贪念，遵纪守法，无可厚非。若让“贪”与“色”联姻，事情的性质就变了。所谓“色”字头上一把刀，一旦陷入色欲的漩涡不能自拔，便难免产生邪心恶念，就可能出大事、栽跟头。有一定权力地位的人还会因此毁掉自己的政治生命，葬送自己的美好前程。

贪色要不得，为什么还有人贪色？

一种人生性好色，为贪色而贪色。既要“家花”，还要“野花”；既要“家中红旗不倒”，又要“外面彩旗飘飘”，以此填补心灵上的空虚，慰藉霉变了的灵魂，满足亢奋难填的欲壑。

另一种人本不好色，而是经受不住“色”的诱惑，逐渐成为色欲的俘虏。把养“小蜜”、包“二奶”视为“有身份、有气派”的标准，把搞“婚外恋”作为调剂生活的手段，不比素质能力、成绩贡献，而是比谁的情人年轻，比谁的“小蜜”漂亮，比谁的“二奶”多。

再一种人本就贪色，又把“色”作为实现自己不可告人目的的一种手段，以色换权，以色谋权，以色逐利。如因贪污被判死刑的广东天龙集团原董事长谢鹤亭，任职五年里，带着有姿色的“女秘书”周游了30多个国家，还专程赴北京高薪聘请了三名漂亮“公关小姐”，为自己的仕途高升“打点”。

然而，酒绿灯红惹人醉，刀光剑影紧相随。对贪色者而言，女色是个需要付出高成本、高代价的“钓钩”，必须靠金钱铺路，以维持对女色的占有。其“成本”和“代价”十分惊人：

胡长清为了长期包养一名情妇，仅用于为其购房的开销就达75万元；这还算少的，那个侵占了2.3亿元、名叫邓宝驹的深圳宝安区沙井农村信用社主任，为“二奶”、“三奶”、“四奶”、“五奶”的投入，少则三四百万元，多则1800多万元，其中花在“五奶”身上的开销是每天2.3万元……

这些月薪不过数千元的国家公职人员，若是不贪不占、不搞邪门歪道，怎能付得起如此高昂的“账单”？

老话说，“鬼迷心窍”。若是被“色”迷住了，比“鬼迷心窍”还可怕，会使人丧失理智，教人作奸犯科。拿贪官倪献策来说，官当到省长一级，还不知道走私贩私是要坐牢杀头的吗？凭什么为一个素不相识的人上蹿下跳？原因再简单不过，这个走私犯是他情人的弟弟。被“情”迷了心窍，岂有不一条道走到黑的？

最令人啧啧称奇、贻笑大方的要数湖北省荆门市原市委书记焦俊贤。为讨情人陈丽一笑，他竟然不顾陈丽只有高中辍学的文化程度、被原工作单位开除的难堪经历、当过“三陪女”的丑事，大笔一挥，就让她当了荆门市开发区工委宣传部的副部长，还兼任开发区文化、广播电视和新闻出版局副局长。

《老子》说，统治者有三宝：慈、俭、不敢为天下先。这“不敢为天下先”，就是在不合公理、有违公德、违反民意的事情上“不敢”。也就是说，一个人在类似“色”的问题上还是“胆小”些好；否则，放纵的结果等于自戕。

一个书生准备进京赶考，路过鱼塘时正巧渔夫钓了一条大鱼，便问渔夫是如何钓到大鱼的。渔夫得意地说：这当然有些技巧。当我发现它时，就决心要钓到它。但刚开始，因鱼饵太小，它根本不理我。于是，我就把鱼饵换成一只小乳猪，没想到这方法果然奏效，没一会儿，大鱼就上钩了。书生听后，感叹地说：鱼啊，鱼啊，塘里小鱼小虾这么多，让你一辈子都吃不完，你却挡不住诱惑，偏要去吃渔夫送上门的大饵，可说是因贪欲而死啊！

欲望与生俱来。生命开始之时，欲望随之诞生。饿了要吃饭，冷了要穿衣，这是人的本能。生命停止，欲望则消失。同时，人的欲望的满足，又是生命的消耗过程。从某种意义上讲，有效地节制欲望特别是对“色”的贪欲，是构建和升华生命、延伸和拓展生命长度的必由之路。

钱钟书先生在《管锥篇》中对老子的“见欲而止为德”大加赞赏，认为一个人面对墙壁不思欲不算什么，如果面对大千世界的花花绿绿、金钱美色而无一丝欲念，或者面对权力、地位的诱惑不动心时，才是有“真德”。

养“真德”，节制对“色”的贪欲，关键在于培育高尚的生活情趣。一般来讲，生活情趣庸俗低下的人，往往会过分追求个人享乐，不择手段聚敛钱财，生活奢靡，道德滑坡，沉湎于“酒绿灯红”、吃喝玩乐，以此填补精神的空虚。因此，人只有具备了高尚的生活情趣，才能开阔眼界，增长知识、丰富生活、全面提高自身素质；也就能抵御拜金主义、享乐主义和极端个人主义等腐朽思想的影响与侵蚀，不至于消极颓废，腐化堕落。

高尚生活情趣的培育是个长期的修炼过程。重在养小节，不能因事小而为之，不能搞所谓的“入乡随俗”，更不能在“下不为例”上软了腿脚。要时刻保持警觉性，否则时间一长，很容易被低级、庸俗的东西麻木神经，最后发展到向往和追逐。

对有职权和地位的人来说，培育高尚的生活情趣尤为重要。要时刻牢记自己的政治责任，经得住各种诱惑，管得住生活小节，守得住精神家园。如此，才不会在“色”上栽跟头，丧失领导干部的人格。

学会追求，以积极抵御盲从

人生需要追求，人生离不开追求。只有头脑清楚、目标如一、行动积极的人，才能在生活的激流中立于潮头。

目标让追求拥有方向

志不一则庞，庞则散，散则溃然。

【明】刘基《郁离子·一志》

提起蛇，很多人都会心有余悸。有次看《动物世界》，节目中介绍的一种蛇却给我们留下良好印象。倒不是因为它有多漂亮、多可爱，而是因为它竟能在撒哈拉大沙漠恶劣的自然环境里活得有滋有味。

更令人为观止、啧啧称奇的是，另一种同样生活在撒哈拉大沙漠、类似麻雀大小的鸟，其生命力较之这种蛇更顽强。因为要到沙地上找食物，这种鸟不可避免地成了蛇的猎物。当潜伏在沙子里的蛇向它发动突然袭击时，它一边躲闪着蛇的血盆大口，一边用爪子一刻不停地拍击着蛇的头部，直至蛇瘫软在沙地上。

小鸟和蛇的力量对比是悬殊的，弱小的小鸟怎么能够逃得脱蛇的血盆大口呢？原来，小鸟是在经过长期的经验积累后，才掌握了一套对付蛇的办法，瞄准一个点——蛇的头部，不停地用爪子拍击。由此使我联想到现实生活中屡见不鲜的一些人和事：相差无几甚至同样的外部条件，有的人干得轰轰烈烈，有的人则干得稀松平常。在分析造成这种差别的原因时发现，这些失意者并非先天不足、后天努力不够，而是因为他们没能始终瞄准一个点——目标，持之以恒地坚持到最后。

目标是一个人行为所要达到的目的，又是引起需要、激发动机、焕发热情的外部条件。因而，它是人成长进步的指针，有了它，人就有了努力的方向；它是人成长进步的动力，有了鲜明正确的目标，就会有坚定的信念和朝着这个目标前进的力量。所以，但凡能够成事成才的人，都是有目标引路并矢志如一地坚守自己目标的人。而那些没有人生规划和蓝图、瞎打误撞的“盲人”，或者见好爱好、三心二意的“变色龙”，是很难获得成功的。

把人生比做航船，目标就是灯塔。但确定目标也是有讲究的，是个科学的自我设计过程。无论是确定远期目标、阶段性目标，还是一周、一天、一小时的目标，既要考虑到目标的价值性、有吸引力、方向性、适度性，也要考虑目标的从一性，也就是目标的多少。目标太多了，有时候反而无从选择，容易自乱阵脚。

吃过沙丁鱼罐头的人都知道，它们的体形十分弱小，与生活在大海中的同类鲸鱼相比，犹如蚂蚁对大象。可出人意料的是，庞大的鲸鱼竟会死于弱小的沙丁鱼之手。原来，当鲸鱼捕猎沙丁鱼时，光顾着追赶，没有注意到海滩，当穷追不舍的鲸鱼发现海滩时，因为速度太快，想停下来已经迟了，在惯性的作用下，它庞大的身躯直接冲上海滩，沉重的身体陷进海沙中，最终死亡。

生活中，每个人都可能遭遇到诱惑的“沙丁鱼”。要想避免跌入致死的陷阱，还必须学会把目标看向诱惑之外，即制定目标时不能好高骛远，非要夺第一、当冠军，平凡、简单未必就是志向不高。有这样一首诗写得好：“把自己当珍珠，就有被埋没的痛苦；把自己当作泥土，让人们在身上踩出一条路。”

在海湾国家的一次飞碟比赛中，一个叫科林·洛佩尔的小姑娘获得了第四名。面对这个名次，她没有怨天尤人，本是右眼失明的她，完全可以以先天残疾为自己没拿到奖牌开脱，可她没有寻找任何借口和强调客观上的原因，而是平静地说：“我和其他人一样能瞄准，大家都是平等的。”言外之意，没打好的原因只能怪自己；她没有灰心丧气，而是微笑着说：“第四名，还行。”有了这种发自内心的自信，谁能说她以后不能夺得金牌呢？她没有盲目乐观，一个残疾人能在国际大赛上和正常人一样拼争并取得第四名，就已经有了骄傲的资本了，可她没有沾沾自喜，而是将未来的目标瞄向金牌：“爸爸会失望的，他希望我拿金牌。”

现实生活中，人人都想当“冠军”，而“金牌”却只有一个。因而，当我们在确定目标时，只有第四的能力和水平，不妨就朝着第四名的目标努力好了。这样，当我们经过努力不能赢得第一时，就不会垂头丧气、怨天尤人，也才不会因此失去自信。

一次，法国一家报纸进行有奖智力竞赛，有道题是：“如果卢浮宫发生火灾，情况紧急，只允许抢救出一幅画，你会抢哪一幅？”结果在成千上万份答案中，法国著名作家贝尔纲以最佳答案获得该题的奖金：“我会抢离出口最近的那幅画”。

“对公鸡来说，麦粒好过钻石。”这个最佳答案的精妙处说明，成功的最佳目标不是最有价值的那一个，而是最有可能实现的那一个。

梦想让追求拥有希望

愿随壮士斩蛟蜃。

【宋】苏轼《送李公恕赴阙》

人的一生充满梦想。儿时想有一堆好看好玩的玩具，年少时想考试得高分，成年后想有一份好工作……不夸张地讲，人生就是在追逐梦想中度过的；人生之美，也在追逐梦想。

多年前，一个10岁的意大利男孩在拿波里的一家工厂做工。他一直想当歌星，但老师说他五音不全，唱歌简直就像风吹百叶窗。后来，这个名叫恩瑞哥·卡罗素的孩子真的成了那个时代著名的歌剧演唱家。

乔丹很小的时候就梦想当篮球明星，常常为杂志上篮球队员们驰骋球场、飞身灌篮的矫健身影和飒爽英姿着迷，还天天摸爬滚打在篮球场上。最终，他成为有史以来最伟大的篮球巨星。

人类最神奇的力量莫过于梦想。就像花儿渴盼春的讯息，果实渴盼秋的爱意，沙漠渴望富有活力的绿洲，草原渴盼及时的雨露，一个又一个渴望、追求和梦想，编织着充满期待的人生路，让这个世界变得生动而多姿多彩。因为有了飞翔的梦想，莱特兄弟发明了飞机；因为有了光明的梦想，爱迪生发明了电灯；因为有了探索宇宙的梦想，加加林成为第一位从太空上看到地球的人；而美国宇航员阿姆斯特朗则于 1969 年 7 月 21 日 2 时 56 分成功地在月球静海西南角登陆，成为第一位登上月球的人，实现了人类有史以来拜访月球的梦想。

可以说，当今一切文明的成果是过去各个时代梦想者梦想成真的结果，也启迪我们，事业成功一定源自一个梦想，有梦想才会有具体的目标和行动，有了具体的目标和行动才会取得事业的成功。这是事业成功的一般规律。

本田汽车公司创始人本田宗一郎出生在一个非常贫困的家庭，他小时候第一次看到汽车时，简直入了迷：我忘了一切地追着那部汽车，我深深地受到震动，虽然我只是个孩子，我想就在那个时候，有一天我要自己制造一部汽车的念头已经启动了……

20 世纪 50 年代初期，本田宗一郎成立自己的公司，进入已经很拥挤的汽车工业。5 年内，他成功地击败了汽车工业里的 250 位对手，实现了他儿时制造更好的汽车的梦想。到 1963 年，本田汽车成为世界各国汽车工业里最主要的力量，让美国的哈雷汽车和意大利的汽车公司大败。

心有多高，梦就有多远。而只有热爱生活的人才会有梦想；热爱生活，梦想就能成为进取的目标，激发人对美好生活的深深企盼。

美国老人约翰 · 戈达德 15 岁那年，把一生想干的事情列了一张表：到尼罗河、亚马逊河和刚果河探险；登上珠穆朗玛峰、乞力马扎罗山和麦特荷思山；驾驭大象、骆驼、鸵鸟；探访马可 · 波罗和亚历山大一世走过的道路；主演一部《人猿泰山》那样的电影；驾驶飞行器起飞降落；读完莎士比亚、柏拉图和亚里士多德的著作；参观全球……一共 127 个梦想，在经历了 18 次死里逃生和难以想象的艰苦后，约翰·戈德已完成了其中的106个梦想。

梦想真是让平凡的生活充满了神奇，有梦的人是幸福的。

把人生比做铁，梦想就是磁石。一个人可以失败，可以遭受挫折，可以忍受孤独和不幸，唯独不可以失去梦想，没有梦想的人生就像鸟儿失去双翼，船儿失去双桨。而梦想又绝非梦幻。梦幻是不能变成目标和计划的“梦想”。你躺在沙发上，此时，天上飞过一架飞机，而那架飞机不小心把一个装满美钞的箱子掉在你面前，这能变成目标和计划吗？不可能！这是梦幻。人生既要憧憬在梦想里，又不能脱离活生生的现实。如果不为梦想付出行动和心血，再美好的梦想也会变成梦幻。

夏夜，某机场上空繁星闪烁。在震天撼地的轰鸣中，一架架战鹰突破夜幕，飞向茫茫夜空。

数十分钟后，战机将首次到达某陌生空域实施对地突击。想象着前方战机命中目标的壮观场景，刚刚亲手准予“放飞”战鹰的空军航空兵某团修理厂士官窦树军，心也跟着飞了起来：“这是我的第10001次飞翔！”

“没有翅膀，我心飞翔。”窦树军喜欢这样说。他从事飞机无损探伤工作十余年，安全放飞上万架次，发现重大故障隐患9起，为国家挽回经济损失上亿元。为此，他获得空军机务人员金质荣誉奖章，被评为全军优秀共产党员。

像雄鹰那样飞翔，是窦树军心中深埋了十几年的梦想。然而，要成为万里挑一的“天之骄子”谈何容易，第一次放“单飞”，他就栽了跟头。他钻进发动机仔仔细细地检查了好几遍，竟又发现了一处裂纹！激动不已的他连忙叫停飞机，把工厂的师傅们叫来，拆开发动机，叶片却是好的，他发现的“裂纹”是因油迹产生的假裂纹。羞愧不已的他躲在机场的角落里落泪。

“飞机无损探伤”是一个科技含量很高的专业，涉及电学、声学、光学、航空材料等学科。只有初中文化的窦树军知道，此时的自己只是一只稚嫩的小鸟，要成长为高飞的雄鹰，唯有拼搏！

从此，他全身心地投入了学习，找来大堆高深的航空工程专业理论教材，记下了50多万字的笔记。工厂的师傅们一来，他就缠住问个不停，还积极争取了5次参加培训班的机会，取得了国家认可的机务人员二级资格。

功夫不负有心人。窦树军的“翅膀”越来越硬：他在进气道和喷管内工作6000多小时，爬行近60公里，检测各类叶片84万余片，没让一起安全隐患从手下溜走。

人因为有梦想而变得伟大，人因为没有梦想而变得渺小。这是成功者和失败者的一个重要分水岭。

一位哲人讲：“人有多悲观看他肯失去多少，人有几许希望看他有多少梦想。”话虽短，却别有一番韵味：当自己的梦想排列起来比一米还长，那么，即便失去时间、快乐、幸福甚至斗志，仍是一个充满希望的人、有目标的人。

梦想着是美丽的。每当新的一天开始，太阳高高升起，照亮山峦、河流、森林和那些耸立着鳞次栉比高楼的城市，也照亮了那些背着行囊、带着梦想要出发的人。

知识让追求拥有能量

不学自知，不问自晓，古今行事未之有也。

【汉】王充《论衡·实知》

知识是人们在改造世界的实践中所获得的认识和经验的总结。它是智慧的源泉、立身做人的“本钱”，也是完成任务的条件、经受各种考验的底气，更是积聚能量、成就事业的阶梯。尤其是在当今知识爆炸、信息剧增、科技革命风起云涌的时代，只有把不断学习新知识当做生命之源和立身之本，用不断地学习支撑自己一步一个台阶地攀登着精神境界的高峰，才能勇立潮头，有所作为。不善于学习和提高，习惯于“吃老本”，满足于过得去，想用“旧船票”去登新客船，必然庸庸碌碌，无所作为。这是往大处说；具体到日常生活中也时时处处离不开知识的支撑。

就说煮鸡蛋：打开液化气，坐上锅，添一瓢凉水，放进鸡蛋，盖锅盖，等水开，再煮大约 10 分钟，关火，搞定。简单吧！其实不然，正确的煮蛋方法是，水开 3 分钟后马上关火，利用余热焖煮 3 分钟。这样煮蛋省时、省煤气。

有过乡下生活经历的人都知道，要按住跳蚤，只能是五指并拢，一次一个，十个指头是按不住跳蚤的。

类似这些看似不起眼的小知识，若是没人告诉你，自己又不留心总结，结果只有一个：被“跳蚤”咬。

知识，艰深的也好，浅层次的也罢，离了它就失去了工作、生活的拐杖。反过来，不断学习提高能够改变一个人的命运。张艺谋从弹棉花的辅助工成为国际知名大导演靠什么？靠的是在棉絮乱飞的车间里勤学不辍、孜孜以求、日积月累下的相关电影知识。或许张艺谋离我们太远，看看曾经做了 15 年挡车工、又两次下岗的普通女工王兆兰的经历，你一定会感叹：知识改变人，学习发展人。

1992 年，王兆兰下岗后，因为没有什么技能和特长，就去了北京贵宾楼饭店，在洗手间搞卫生。就是这样一个再普通、再简单不过的工作，她也只干了三年。

1995 年，王兆兰再次下岗时已逾 37 岁“高龄”，摆在她面前的只有两条路，要么自暴自弃，愿赌服输；要么重新学习，从头再来。她选择了后者。

一个偶然的机会，她到茶叶店打工，开始学习茶艺，看一些茶叶方面的书，努力让自己适应工作，适应社会。几年下来，她不仅茶艺大有长进，还开了间“聚福楼”茶庄，成为日进斗金、让人羡慕的“茶老板”。

类似的例子不胜枚举。有从大字不识一个的农奴成长为西藏大学藏文系教授的达瓦次仁；有靠抓阄赢得读书机会、成为大学生的湘西土家族女孩肖燕云；有 9 岁才开始读书、26 岁才懂得学习重要性的北大副校长、生命科学院院长陈章良……改变他们命运的无一不是知识。

知识的重要性不言而喻。但不少人存在这样一个约定俗成的观念——“学有所成，终身受用。”换句话说，只要年轻时好好上学读书，扎扎实实多学些知识，一辈子都享用不完。殊不知，随着信息化时代的来临，这种“以不变应万变”的观念落伍了。且不说各种新现象、新做法、新问题、新观念、新理论层出不穷，让人应接不暇、压力剧增，知识本身也是有“保鲜期”的。一位专家以企业知识为例指出，在这个“知识大爆炸”的信息时代，企业员工的知识就像一罐鲜牛奶，“保鲜期”顶多3年。

知识的“老化”往往与人的生理“老化”同步，是一种不以人的意志为转移的客观规律。

因此，乐于承认自身的不足和“无知”，想着法儿不间断地更新自己的知识结构，以求真正拥有与时俱进的“学富五车”，这才是唯一正确的选择。

“在1992年电脑还是奢侈品的时候，我从传媒上得知，电子计算机的介入，将引发一场科技领域的革命，便下决心拿下这个新事物。那时的电脑学习远比如今困难，相关书籍少，主要靠自己摸索。开始学习时，复杂的图形、单调的术语、枯燥的数据，常常令我头晕目眩，但战胜了这些‘拦路虎’之后，我的学习兴趣愈发浓烈。

“凭着蚂蚁啃骨头的精神，经过不停地钻研，我渐渐地摸到一些门道。此后，我啃下了《微型计算机控制技术》等70多本专业教材，记下了50万字的学习笔记，开发出10多个军事应用软件，比较全面、系统地掌握了以计算机为平台的信息技术，所革新出的成果有的获得国家专利，有的获得军队科技进步奖。”

某防空旅参谋长刘鑫的现身说法告诉我们，跟上时代发展步伐，不断获取新知识，并非高不可攀的难事，最简单、最管用的“笨办法”是“笨鸟先飞”、先学一步。

“生也有涯，学也无涯。”在知识的大道上，有无数道门，进了这道门里，仍在那道门外。一个人的“胃口”再大，一生也只能品尝到知识的一角。而且，知识如同水一样，是会“蒸发”的。因此，若想保持有“水”可倒、有才可用，进而有所作为干一番事业，就得时刻牢记“学如逆水行舟，不进则退”的古训，抓紧时间“充电”，不断扩充自己的知识储量。

如何“充电”？除了向书本学习，还要向群众学习，向实践学习。而最基础的学习是向书本学习。文盲是无法踏进现代科学技术大门的，只有用科学理论和现代科学知识武装起来的人，才有能力从群众中、从实践中汲取智慧和力量。向群众学习、向实践学习的过程，又会对向书本学习提出新的需要，指出新的方向，增添新的力量。同时，给自己的“桶”里加“水”时，既要勤加勤换，又不能忘了看看杯子里需要的是什么水，如此才能“长流水”，保证自己在工作生活中游刃有余。

科学研究证明，影响成功的因素有三：先天的智商；后天学到的知识；最后一个，也是最重要的一个因素，就是学到的知识在一个环境中的应用。这说明，把学到的知识转化为生产力、战斗力，关键在学以致用，真正让知识为自己的成人成才成事服务。否则，学得再多再好也枉然。

毛主席曾说过：“我们队伍里有一种恐慌，不是经济恐慌，也不是政治恐慌，而是本领恐慌。”如今重温这段话，真是振聋发聩：在“终身职业”的时代已经结束，创建“学习型社会”的时期正在开启的今天，若想不让“江郎才尽”的结局在自己身上重演，必须把获取新知识、用人类创造的优秀文化成果来武装自己，贯穿一生，始终放在第一位，“学习、学习、再学习”。这样，我们才能站在时代制高点，以自己的智慧和力量，不断推动社会和时代的发展进步。

专长让追求拥有底气

是技皆可成名，天下唯无技之人最苦。

【明】吴从先《小窗自记》

有人把人生应做的事归为五件：读透一本书，擅长一技，拥有一个和睦的家庭，心存一份美好的情感，做一个好人。“擅长一技”，即指专长。

专长是指在某个或某些特定领域的出色而稳定的知识或技能。有专长的人，无论从事什么工作，无论什么时候、走到哪里，都会被人挑大拇指。

庖丁是厨房小工，“功夫”却了得，为梁惠王杀牛，他运刀如风，“刷刷”几下，一头庞然大物便肉是肉、皮是皮、骨是骨。

常年跟石头、木头打交道的匠石，也练就了一身超凡本领。有郢人把薄如蝉翼的石灰抹在鼻尖上，让匠石削掉。只见匠石挥斧如电，削灰而不伤郢人的鼻子。

这是《庄子》记述的两个平凡的“高人”。实际生活中，像他们这样身怀绝技的也大有人在。

一位技术员不小心把手表掉到了钻孔里，钻孔仅有拳头大小，却深达数十米。就在大家束手无策、哀叹手表“没戏”时，却见一位搞地质钻探的老工人不慌不忙地将一个沾满泥巴的钻杆送进了钻孔。

钻杆是铁家伙，几十米下去，还不把手表压碎？可老工人硬是把手表沾在泥巴上，毫发无损地给取了出来。

“是技皆可成名，天下唯无技之人最苦。”人要在社会上立足，特别是要想成为单位或别人心中不可或缺的人，专长是必不可少的要件之一。

在广东省人才市场举办的一场综合性人才招聘会上，曾在海南一家房地产公司担任售房部经理的李先生，成了当日进场招聘的4家房地产公司竞相追逐的对象，“价格”战最高的打到月薪5万元。

李先生之所以这么“俏”，是因为他有“杀手锏”——曾凭借一个创意十足的好“点子”，让海南那家房地产公司一次性成功地售出100多套住房。

与李先生的经历相仿，当金融专业的小周姑娘用流利的英语向某企业的招聘人员作了精彩的自我介绍后，负责招聘的人事部负责人当场表示，根据其表现出来的英语水平，以及富有感染力的外向性格，决定录用她到公司的公关部工作。

签约后，小周激动地告诉采访她的记者，自己虽然学的是金融专业，但在金融专业企业的需求量很小的大势下，要不是有会外语的专长，凭自己的大专文凭，再想往里“钻”真是难比登天！

专长是生存的技能和手段，也是能力的象征、财富的“砝码”。

一家公司的机器发生了故障，请来几拨人也没修好，只好向一位知名技师求援。可这位技师的收费却高得出奇，张口就要500美元，而且是以小时计费。

技师来后，只是左看右看，上看下看，看了好久。最后他画了一条线，说只要在画线的地方拿锤子砸一下，机器就会好。人们将信将疑，还是拿锤子砸了一下，这台机器果然运转如常。

公司老板既高兴又惊奇，就问他收费多少，他说：当然是一小时 500 美元。公司老板说那你列一个清单，我想知道你是如何收费的。这个技师就列了一份清单：说出砸一锤子，1 美元；找出在哪里砸这一锤子，499 美元……

这位技师“牛”就“牛”在具备一般人不可替代的核心专长。

听过许振超先进事迹报告会的人，无不为他那一身“无声响操作”、“一钩准”、“一钩净”、“二次停钩”等“绝活”折服。凭着这些“绝活”，他屡屡打破码头装卸速度纪录，为青岛港跻身世界一流港口创造了巨大的技术优势。

从本质上讲，专长是指在某一技能方面你无我有、你有我新、你新我深的高超技艺，也就是“绝活”。一名工人、一个企业拥有了“绝活”，就意味着能为社会创造更多的价值和效益；一名军人、一支军队拥有了“绝活”，就能在战场上出奇制胜，赢得主动，成为以劣胜优、克敌制胜的重要法宝。在列宁格勒保卫战中，苏军创造的气球障碍，有效地削弱了德军战机的狂轰滥炸；第四次中东战争中，埃及军队一工兵参谋发明的水龙头“射枪”，冲垮了以军号称坚不可摧的“巴列夫防线”；科索沃战争中，南联盟军队凭着“目视耳听”，用萨姆导弹击落了美军不可一世的 F—117A 隐形战机……

IBM 公司董事长沃森说过一句让人难忘的话：每个人都靠出售某种商品而生活，或许要推销某种商品，或许要推销自己。

推销自己？说起来简单，做起来却不易。若是没有高人一等的专长，把嘴皮子磨烂了也不行！

战场上呼唤“绝活”，人生离不开“绝活”，但“绝活”不会与生俱来，需以强烈的事业心、责任感和勤于探索、锲而不舍的精神状态作支撑。许振超为练就一身“绝活”，吃饭、睡觉时都在琢磨如何下钩、抓吊，即使有过上千次失败，也从未临阵脱逃、打退堂鼓。

军人要练就一身高超技艺，成为本职岗位上的行家里手更不易，除了瞄准打赢目标苦练过硬军事技能，还必须以时不我待的奋发进取精神不断地学习新知识、掌握新技能，这样才能在不断充实完善和提高自己的素质能力中，实现为建设信息化军队、打赢信息化战争做贡献的铮铮誓言。

然而，宝剑既是杀人的利器，也是招来杀身祸的“夺命索”。安身立命之本的专长若是用在了不该用的地方，非但成不了事，还会误事甚至坏事。

前些时候，武汉市公安局网监处接山东警方协查通报：济宁市医学院计算机信息系统受到“黑客”攻击，“黑客”来自武汉，以在互联网上公布学院机密信息相威胁，敲诈2万元。

武汉网警接到协查通报后，迅速展开缜密调查，发现作案嫌疑人张某竟是武汉某名牌高校计算机学院二年级的学生。

更让警方吃惊和慨叹的是，该生是学校里出了名的计算机高手，电脑玩得“溜转”，曾多次在国家级比赛中获奖。

有口“好牙”才能吃“好饭”。反之，当一个人既没有过人本事，又缺少自知之明时，人们总会以“一瓶子不满，半瓶子晃荡”作比喻。

激情让追求拥有活力

激湍之下必有深潭，高丘之下必有浚谷。

【明】刘基《郁离子·东陵侯》

前些年，我们几位朋友利用休假时间相约去了趟黄山。多年过去，对黄山念念不忘的，除了那里的奇峰怪石、林海松涛，还有黄山天都峰留给我们的一个感悟。

黄山以山峭峰险著称，大小七十二峰，又以天都峰最险。进山不久，过了“雄鸡报晓”，便是直插云霄的天都峰，站在峰脚下，只见一块指示牌上写着：“山高路险，心脏病、恐高症患者止步。”我们虽然既无心脏病，也没有恐高症，可听到从山上下来的游人“吓死了”、“这辈子再也不来黄山”的喟叹，心里顿时直打鼓，有心往后缩，又怕他人笑话。

就在我们为上山还是不上山犹疑不决时，带队的导游仿佛看穿了我的心思，说：“不上天都峰，枉来黄山；不上天都峰，愧为儿男。”这句话，一下子激发起了我们的心劲儿，大家手挽手冲向天都峰。

一路上，虽然步步艰难、处处是险、脚底打滑、心里打战，可当我们登上天都峰的那一刻，极目四望，美不胜收的无限风光，让我们真正领略到黄山的美、奇、雄、险，也有了不虚此行的感叹。

黄山一行归来，使我们懂得了追求人生自我价值实现的路上，也如登山一般，有直道，有缓坡，有“七十二峰”，有“八十一难”，更有难以逾越的“天都峰”，若是在这些困难和艰险面前软了腿脚，追求的脚步就会放缓，人生的航向也可能因此而“改道”、“拐弯”；若是能鼓满激情的风帆，什么样的困难都可以克服，什么样的艰险都可以逾越，从而尽揽“天都峰”的无限风光。这也启发我们，人生没有追求不行，追求是人生的活力；人生没有激情更不行，激情是青春的标志、活力的精华，是理想主义的张扬和体现。一个人要想在知识上求索，工作上奋斗，事业上登攀，必须以不懈的人生追求作支撑，以火一样的激情相伴。

事业有激情相伴，才会拼搏向上、积极进取、锐意创新；生活有激情相伴，才会热情热烈，心境开朗乐观；婚姻有激情相伴，平静的日子也会溅起浪花点点。当激情到来时，它就像生命中燃烧的炭，能够激发人的潜能，迸发出巨大能量。

但激情的一个重要特性是容易消退，不易“保鲜”。有些人开始从事某项工作时，热情高涨、干劲十足。但时间一长，激情也会被工作的平淡磨掉了，心灰意冷，萎靡不振，暮气沉沉，变成“30 岁的人，60 岁的心脏”。分析原因，有的可能是因为历经沧桑、饱尝磨难而泄气，有的可能是因为屡受挫折、抱负不能实现而灰心，不管是什么原因，都不应成为丧失激情的理由。一旦没了激情，就会使一个本来富于智慧的人，变得因循守旧、消极服从、唯唯诺诺、习故安常、不喜变化和墨守成规；变得消极避世、精神萎靡、毫无生气、毫无远见、毫无斗争勇气、毫无社会责任心；变得懒怠、轻慢，什么都觉得无所谓，什么事都不放在心上；还会使人的情感变得冷漠，精神疲惫不堪，情绪抑郁、心烦意乱、坐立不安和莫名其妙地恼怒。不夸张地讲，没有激情的人生就没有朝气，没有激情的民族就没有生气，没有激情的社会就没有创新发展的原动力。

听朋友讲过这样一件事：小的时候，他对周围的一切充满好奇。睁大眼睛，蹑手蹑脚地捕捉落在枝头的蜻蜓；躲在门后，凝神谛听天空的阵阵雷鸣；跪在原野，吹起一枚蓬松的蒲公英，任它在山川间飞扬。如今才懂得，激情是潜藏在每个人心底的火种，而非一朵永不凋谢的绿萝藤。因为年轻，人才充满激情；保卫和开发激情，人才会永远年轻、活力四射。

保卫和开发激情，必须以目标作激励。目标不仅是航船，还牵动着人的向往和追求。当激情凝聚于一个神圣的、有价值的目标时，它将融化掉前进路上的任何冰雪，迎来人生的美好春天。著名的盲人女作家海伦·凯勒，双目失明，下肢严重瘫痪，在经历了死亡带来的痛苦思索之后，她对生活产生了无比的依恋，确定了“活下去，做一个自食其力的人”的生活目标。就是这么一个简单的生活目标，使她对生活生发出极大的激情，写出了《假如给我三天的光明》这样的传世之作。

保卫和开发激情，必须以对事业的热爱作支撑。一个人只有热爱自己的事业，才能唤起对事业的热情，才能精神振奋地勤奋工作、创造性工作，也才能取得事业的成功。数学家华罗庚没上过大学，只念到初中，却凭着火一样的激情和聪明才智，登上了数学的金字塔。纵观人类文明史，可以这样说：世界上每一项伟大成就，都是某种激情的胜利！

保卫和开发激情，必须以知识作后盾。很难想象一个知识贫乏的人，会对生活有多大的激情。有了丰富的知识，才能在生活中善于发现问题，分析解决问题，总结出生活的情趣。而且，每一个问题的发现解决，就像一个接一个的彩珠不断放射出五彩的缤纷焰火，激活你的思维，碰撞出你的生活激情。

保卫和开发激情，必须以生活作积累。“问渠哪得清如许，为有源头活水来。”丰富的生活积淀可以丰富人的激情。好比演员演戏，想把人物演活，就必须去体验生活，体验生活就是一种激情的培养。

比尔·盖茨有句名言：“每天早晨醒来，一想到所从事的工作和所开发的技术将会给人类带来的巨大影响和变化，我就会无比兴奋。”人生需要激情，犹如帆船需要劲风。没有风，船就不能航行；没有激情，人生就不能前进。而人生需要的是理性的、建设性的激情。与志向、追求、真情、英雄崇拜等所产生的激情不同，因诱惑而产生的激情虽说也是“激情”，两者却不可等量齐观。因为源自诱惑的激情根本就不是真正的激情，而是丑恶和陷阱的代名词。这样的“激情”，只能靠冷静和理性战而胜之。

行笔至此已是午夜，我们的上下眼皮开始“打架”，可看到一个个字符“码”出的段落，心底又充满了“覆水难收”的激情：或许某一句话、某一个观点、某一件小事，能激发出某个人的激情呢！

恒心让追求拥有后劲

士人有百折不回之真心，

才有万变不穷之妙用。

【明】洪应明《菜根谭》

不知大家留意没有，生活中，有的人费尽周折，甚至穷尽一生气力，始终不能达到理想的彼岸；有的则不然，几乎不费气力，盼什么来什么，干什么成什么。

有位娱乐圈的明星，在接受某电视台访谈节目主持人采访时，不无自得地谈起“一不留神”取得的辉煌业绩：先摘“百花”，再捧“金鸡”，继而当上“影帝”。台下的观众颇不服气，有的还质问他：“凭什么你可以付出不多，收获却这么大？不公平！”

同样是努力，不同的人何以会有不同的人生结局，甚至落差万里？

有学生问大哲学家苏格拉底，怎样才能修炼到他那般博大精深的学问。苏格拉底并未直接作答，只是说：“今天我们只学一件最简单也是最容易的事，每个人尽量把胳膊往前甩，然后再尽量往后甩。”并示范了一遍，说：“从今天起，每天做300下，大家能做到吗？”

学生们都笑了，这么简单的事有什么做不到的？

过了一个月，苏格拉底问学生们：“哪些同学坚持了？”

有九成同学骄傲地举了手。

一年后，苏格拉底再次问学生们："请告诉我，最简单的甩手动作，还有哪几个同学坚持了？"这时，整个教室里只有一个人举手，他就是后来成为古希腊另一位哲学家的柏拉图。

看到这里，我们在会心一笑之余，不难得出这样一个结论：恒心是成事之基。我们常说的"锲而不舍，金石可镂"、"心坚石穿"也是这个意思：只要意志坚定，石头也能穿透；只要定下决心，什么困难都可以克服；只要自强不息，就会事业有成。

据说，诗仙李白有天到树林里去打鸟，忽然听到山涧里传来奇怪的声响，便好奇地循声而去，发现是一位老婆婆正在石板上磨一根铁杵。李白就问："老婆婆，你磨铁杵干什么？""把它磨成针。"老婆婆回答。李白又问："这么大的铁杵能磨成针吗？"老婆婆一边磨一边认真地回答说："只要坚持下去，铁杵是能磨成针的。"这就是"铁杵磨成针"典故的由来。

虽然没有人知道老婆婆是否将铁杵磨成了针，但结果如何并不重要，这个典故之所以能够流传经年、历久弥香，本身就说明：在可能与不可能之间，起决定作用的往往是一个人的决心和恒心。反之，即使最容易做的事，如果不去坚持，四处"挖坑"，成功的大门也很难为你开启。

多家电视台曾经报道过一位牛姓大嫂的故事，她靠卖麻花为生。但她普通而不平凡的人生履历却给我们留下深刻印象：

33 岁那年，牛大嫂所在的纺织厂改制，下岗使她成了名副其实的"无产阶级"。很长一段时间，她都不知如何是好，想再找工作，可既无学历又无技术专长；想开个小卖店，一时又拿不出上万元的周转资金。

无奈中，她想到了卖麻花。因为卖麻花是小本经营，就算赔本也能承受得起。当她把自己的想法告诉丈夫和朋友时，所有人都和她唱“对台戏”：“这年头，谁还吃麻花！”

牛大嫂不信邪，坚持在2001年8月开张了她的“牛大嫂麻花坊”。

第一天，她在店里站了一上午，连一根麻花也没有卖出去。她丈夫曾和她打赌，认为她迟早要关门。看来她输定了，但永不放弃的决心使她坚持了下来。

站在店里等不到顾客，她便将上百根麻花放在篮子里，在大街上来回奔走，免费赠送。麻花免费送完了，她便回到店里，继续炸麻花。一连八天，天天如此，直到第九天傍晚才陆续有顾客登门。她认出这些顾客就是那些在街上免费吃麻花的人。

现在的“牛大嫂麻花坊”资产已过百万，光分店就有13家，分布在华北的7个市（县）。

人这一生，哪能一帆风顺、不遭受一些挫折甚至磨难呢？事情做不好往往不是因为我们没有能力，大都是由于缺乏恒心。只要有恒心，做每件事都能全神贯注、持之以恒，就没有做不好的事。恒心的价值是无可替代的，是很多人之所以成功的最主要的一项因素，它对人生的影响远远超过其他方面。才能不可能替代它，一些很有才能的人最后不能取得成功，这是世界上最普遍不过的事情了；天才也不可能替代它，未成大器的天才也是人所熟知的事；教育也不可能替代它，那些受过教育甚至高等教育的人也有被时代抛弃的。

有个故事说，两个酒厂的员工同时拜酿酒师傅学习酿酒，酿酒师傅爽快答应后，毫无保留地向他们传授了自己的“绝招”：选上好谷物，与清冽的泉水调和，注入紫砂土铸成的陶瓮，紧闭八十天，直到第八十一天凌晨鸡叫三遍后启封即成。

他俩按照酿酒师傅的吩咐，把酿酒的材料调和密封好，然后潜心等待那激动人心的时刻到来。终于等到第八十一天，两个人高兴得一晚上睡不着觉，就等着鸡叫的声音。仿佛过了很久很久，远远地传来了第一声鸡叫，接着又依稀传来了第二遍鸡叫，但第三遍鸡叫迟迟没来。其中一个人忍不住了，迫不及待地打开陶瓮，却惊呆了——里面是一汪浑水，酿出的酒又苦又酸，他后悔极了，失望地把酒洒在地上。另一个人虽然心急如焚，按捺不住想伸手揭开陶瓮盖，但他还是咬牙坚持到了第三遍鸡叫响彻天空，这才打开陶瓮：多么甘甜清澈、沁人心脾的美酒啊！他成功了，与前者相比，只是多等了一遍鸡鸣而已。

滚动的石头长不出苔藓；坚持不懈的乌龟快过敏捷的兔子。人生的过程也是一个长期考验我们毅力和恒心的过程，唯有那些能够坚持不懈的人，才能跑到最后一棒，也才能得到胜利者才能拥有的奖赏。

事实也是如此，很多时候，成功者与失败者的区别，往往就在于有没有那么一点点的坚持和忍耐。有时是一年，有时是一天，有时仅仅是一遍鸡鸣。

学会珍惜，以自爱抵御自弃

懂得珍惜是福。珍视和珍爱每一份拥有——生命、时间、声誉、友爱、幸福，等等。那么，即便行再远的路，你都不会是孤寂的旅人。

时间因珍惜而伸展

天地无穷期，光阴则有穷期。

去一日，便少一日。

【清】王永彬《围炉夜话》

这是一个发生在瑞士、关于时间的真实故事：

1989年的一天，南美一位手段高超的计算机“黑客”，通过网络侵入到瑞士的户籍管理网络，把自己刚出生的儿子注册为瑞士人，并填写了相关表格。表格中有一栏须注明财产状况，这位黑客大笔一挥，随手填了三万瑞士法郎。

黑客自以为天衣无缝，谁知仅过三天，他的骗局就露馅了。发现这一骗局的竟是瑞士的一位家庭主妇。

原来，这位家庭主妇在为女儿注册户口时，对一位在财产栏中填写三万瑞士法郎的人产生了怀疑，因为所有瑞士人在为孩子出生填写财产状况时，写的都是“时间”二字。她将这一情况报告给户籍管理部门，很快就查出了这一假居民。

时间是生命的表现形式，虽然无影无形、看不见摸不着，却是人与生俱来的财富。因而，无论一个人是尊是卑，是贫是富，是贵是贱，从呱呱坠地直到死去，都会拥有它。这是人与人之间唯一相同的财富，也是唯一确定和等值的财富。

然而，“一寸光阴一寸金，寸金难买寸光阴。”时间既对每个人绝对公平，又十分的“金贵”，绝非取之不尽、用之不竭，《莲花歌》唱得好：“人生七十古来稀，我今七十不为奇。前十年幼小，后十年衰老，中间只有五十年，一半又在睡中来，算来仅有二十五年。”这首歌形象地说明，每个人所拥有的时间是“有数”的。不妨算笔账——

以人均预期寿命80岁计，除去童年岁月，刨掉暮年时光，可以健康工作的光阴已去少半。苏东坡说，“睡眠去其半”，虽未免夸张，但三分之一总是有的。七扣八扣，屈指可数：若以年计，按我国的有关规定，法定工作日和休息日是251∶114，接近2∶1。一年365天共8760小时，按每天工作8小时、睡眠8小时、吃饭等必须做的事情4小时算，全年法定工作时间为2008小时，占22.3%；睡眠时间2920小时，占33.3%；其他必须时间1460小时，占16.7%；可供个人支配的时间为2372小时，占27.1%。这么一算，一年法定工作小时数和可供个人支配的小时数是2008∶2372，约为1∶1.2。

不算不知道，一算吓一跳。仔细丈量一下时间的长度，便不难发现，它看似长如河流、永无穷尽、流淌不完，实则短之又短，可说随手一翻，又是新的太阳。

美籍华人、诺贝尔奖获得者丁肇中说：“最浪费不起的是时间。”的确，生命就是一堆时间；时间是生命的材料，它既不能预支、逆转、转账，也不能贮存的特性，决定了它是一种不能再生的、特殊的资源，只能一点一滴地流逝。从这个意义上讲，时间就是生命，浪费时间等同于浪费生命。

不幸的是，有些人虚掷光阴却浑然不觉，有时还很惬意，总想着明天再说吧，明年再说吧，理由还挺“充分”：94岁的罗素还可以著书，92岁的萧伯纳还在编戏，83岁的歌德才写完《浮士德》，80多岁的冯友兰还在编纂《中国哲学史》。一切看似不晚，还来得及。事实上，真像他们这么一大把年纪还能干出一番事业的能有几人？即便那时你还有足够的聪明才智，是不是还有足够的精力和体力，还得打个大大的问号。

围棋大家吴清源先生说："下围棋就是两个人接连地犯错误，犯得大的、犯得多的输棋。"人生也是如此。对待时间，还有一些人在不知不觉中犯着这样一些错误：时间是可以被控制、安排和左右的。其实不然。时间不是侍从，不是钱财，更不是想吃就泡一泡、煮一煮的方便面。对于它，人是一点办法也没有的。不管怎样手舞足蹈地拦它，它还是会从你面前飞驰而过；无论是谁，它都不会为你刹车，也不会紧随在你之后，而是迎面姗姗而来，你只能服从它，它绝对不会服从你。

比方说，你要乘早晨五时十分的航班，哪怕你头天晚上全都准备妥当，你也只能等到早晨五时十分。这其间，你可以不睡，也可以睡后不断醒来，直到你终于可以动身了。但是，如果你不小心睡过了头，哪怕只是多睡了一小会儿，跑到飞机场只差一步，一小步，飞机已经起飞了。

一分或一秒，一米或一小步，就可能是咫尺天涯，就可能是浩渺一万年。

时间如水，时间如梭，时间如鞭，时间如刀，其不复性、有限性、易逝性、公正性特点，决定了它是无法被控制、安排和左右的。换句话说，时间对任何人、任何事都是毫不留情的，是专制的，我们只有对时间的使用权，而没有对时间的拥有权，在它面前，人人都是赶路的"仆人"。所以孔子在川上曰："逝者如斯夫！"那逝去的分分秒秒虽然看不到它的踪影，听不到它的声音，却能真切地体味到它的无情。

岁月流淌，光阴易逝，容颜易老。往前赶，尽量赶在时间的前面，才不会被时间抛弃，当好时间的主人。赶到时间的前面，就是在珍惜时间。

无数成功者的事实告诉我们，天资、机遇、健康等因素固然重要，但把所有条件发挥出来的决定性因素，是对时间的有效利用。那些分分秒秒都舍不得放弃的人，即使天资不那么好，机遇不那么巧，健康不那么妙，时间也会给予他们意想不到的馈赠，生活中甚至在我们的身边，就有两耳失聪的音乐家、两臂皆无的书法家、两腿截瘫的运动健将。反之，时间会毫不客气地使天资、机遇、健康等变得毫无意义。

珍惜时间，最重要的是要使用好有限的时间，惜时如命，把该用的时间都用在工作、学习和有益的活动上；锱铢必较，不让光阴虚度；孜孜以求，尽可能让时间为自己增值；还要善于主动利用、合理安排时间，增强计划性、科学性。

从某种意义上讲，人生的学问在于和时间打交道。让我们牢记毛泽东同志那句意味深长的诗句：“多少事，从来急；天地转，光阴迫。一万年太久，只争朝夕。”这是我们在与时间赛跑中赢得“冠军”的唯一有效途径，也是足以警醒我们在人生的棋盘上少出几招“臭棋”的唯一正确选项。

声誉因珍惜而卓越

声无取猜，誉无致疑。

【唐】皮日休《市箴》

华裔医生徐中，三十多年来依法主动上缴医疗保险计划服务费，却反被诬陷偷税漏税，受到有关部门的无端核查。面对这种等同于欺诈的指控，他申诉无门，百口莫辩，在极度的压力和抑郁之下选择了自杀。

一个悬壶济世、深受病人爱戴的医生，为什么要以这种极端的方式结束自己的生命？原因只有一个：为了维护个人及家庭的声誉而一死以表清白。

声誉即人们常说的口碑。它是交往的前提，口碑好的得人心、结人缘；它是成就事业的基础，口碑越好的人越受领导看重；它是一笔无声而宝贵的财富，远胜于金银财宝，能使自己乃至后人受益。

“‘这地方真美。’休息时，儿子环视着我那15英亩，有溪流、树林以及碧波起伏的青草地的庭院，发出这样的感叹。于是我将这片土地的来历告诉了儿子——

“你姐姐刚出生不久，我和你母亲就注意到镇南面农民放牧牛群的那片土地，很想买来建造房子。而土地的主人——92岁的退休银行家尤尔先生，尽管有许多土地，就是不想卖。

“我和你母亲并不甘心，有一次找到尤尔先生，硬着头皮告诉他十分想在这里定居，他撅起嘴，瞪着眼，‘你叫什么名字？’

“我告诉他我叫比尔·盖瑟。这时他双眼放光，问我和格罗弗·盖瑟是什么关系。我回答他说，格罗弗·盖瑟是我爷爷。他放下报纸，摘下眼镜，然后指着两把椅子让我们坐下。

“‘你爷爷是个宽容、慈祥、诚实和正直的人。’尤尔先生眯着眼，眼神流露出遥远隐约的记忆，‘你说你要什么，盖瑟？’

“我又将买地的意思对他说了一遍。尤尔先生说：‘让我想一想，你们过两天再来。’

“一周后我又来到尤尔先生他的办公室。他竟给出 15 英亩 3800 美元这样一个低廉的价钱，让我既意外，又无比感激。

“‘不要感谢我，应该感谢的是你爷爷，是他那美好的声誉让我做出这样的决定。’尤尔先生说。”

这篇题为《美好声誉》的文章传递了这样一个信息：美好的声誉如同生命一样珍贵！

但美好的声誉不可能与生俱来，它不以人的主观意志为转移，也就是说，谁都不可能坐享其成，是要通过付出才能得到的。

2005 年双色球第 070 期，江西一位铁杆彩民委托投注站老板用“7＋8”的双复式进行投注，结果中了奖金为 1200 多万元的一等奖。当时投注站老板为这位彩民垫资投注，而这个老板在开奖第一时间知道这张彩票中了巨额奖金。在一笔突如其来又不属于自己的巨额奖金面前，投注站老板却毫不动心地将获奖彩票交给了那位电话投注的彩民。

“种瓜得瓜，种豆得豆。”有什么样的付出，就能收获什么样的声誉。投注站老板付出了不该得到而本可以得到的巨额财富，失去的是意外之财，收获的却是“如日中天”的美好声誉。这个美好的声誉，带给他的不仅仅是节节攀升的销售额，他诚实的口碑也将会在当地传诵下去，成为一笔无形的巨额财富。

表面看，声誉是一个既模糊又脆弱的东西。词典里对于“声誉”的解释包含了主观上的概念，如尊重、舆论、名望等。尽管定义众说纷纭，有一点却毋庸置疑——人离不开声誉，更不能无视声誉，甚至拿声誉开玩笑，否则不但本人背上骂名，还会影响集体乃至国家的利益。

2003 年，美国总统小布什公开宣称萨达姆对全球构成了迫在眉睫的威胁，并以此为由发动了对伊拉克的战争。但直到伊战结束，仍未在伊拉克找到大规模杀伤性武器。小布什的谎言或者说食言，不仅使他的支持率大幅下跌，还重挫了美国这个超级大国在世人心中的形象，用小布什手下“自己人”的话说，“美国的谎言为自己制造了更高的栅栏，我们不得不在未来遇到更大的怀疑。”

声誉好比人的眼睛，丝毫忽视不得，理应精心维护、好好珍惜才是。珍惜声誉，也就是在为自己积累无形的资产。

有这样一对老夫妻，他们孤苦伶仃，生活穷困，迫于生计，便利用靠路边的便利，腾出半间屋子开了间小杂货铺。可因店小货少不起眼，生意一度冷冷清清，随时都可能关门歇业。

老夫妻并不后悔，更没有怨天尤人。相反，他们目睹南来北往的行人因口渴而嘴唇干裂，便在店前立了一块“免费供应茶水”的牌子，无论白天黑夜随叫随到，从不间断。

渐渐地，老夫妻与他们的这家小杂货铺的名声沿着公路传扬开来，人们总爱在这里停一下，歇歇脚，顺带买些东西，小店的生意如同“芝麻开花”，一天比一天好。

几年后，当人们再去小店看望他们时，发现那间小小的杂货铺竟发展成大百货店。

是声誉成全了这对老夫妻的生意蒸蒸日上。

但任何事情都不是绝对的，都有两面性，声誉也是如此。从积极的方面看，适度的好名，意味着适度的自尊，是正常的、自然的事情，不应该受到嘲笑和否定；声誉还有另一面，它像酒色、权力和金钱一样，若是追求过头，就会变成一种腐蚀人的异化性力量，让人变得求名若渴，贪多无厌，甚至到了失去理性、不顾颜面的程度，结果弄到名实两乖、徒增笑耳的地步，给世人留下饭后的话题、酒余的谈资。

据《扬子晚报》报道，杭州一知名酒店为捍卫所谓的“声誉”，竟对员工提出了一个令人吃惊的要求：如顾客在餐盘里发现苍蝇，员工要立即吞下，而后还可以领取 200 元奖励，并休息一周。可消息传开后，不仅没能为这家酒店赢得声誉，还损害了它的声誉，因为这种匪夷所思的做法与公民享有的生命健康权相抵触。

至于那些为了所谓的“声誉”而不惜作奸犯科、助纣为虐的人，不但为人所不齿，还会带来牢狱之灾。2004 年 2 月 28 日凌晨，一黑影潜入四川省仁寿县向家初级中学女生寝室，将两名 15 岁的女生劫持强奸。事发后，本该为人师表的老师和校领导怕消息传出影响学校“声誉”，竟劝受害女生及其家长不要报案。结果，参与“捂盖子”的老师和校领导被追究了法律责任。

对这样一个可悲、可气又可叹的结局，国内一知名晚报的述评可谓一语中的、快慰人心：该，谁让他们坏了人性！

幸福因珍惜而增值

心神无俗累，歌咏有新声。

【唐】刑象玉《古意》

从前人们碰到一起，打招呼时说的是“吃了吗”？后来路遇，普遍改成“你好”！现在相逢，则有相当一部分人会说：“活得快乐点儿！”由物质到精神，关怀的内容随时代的变迁而不同，关怀的本质却一致，那就是两个字：幸福。

幸福在哪里？有人认为，幸福就是有房子、车子、票子、位子；也有人认为，幸福就是“住俄国房，吃中国菜，娶日本老婆，挣美国钱，享受北欧福利，玩世界风景，到非洲去探险”；还有人认为，除了物质的满足，还要有诗情画意和小资情调。且不说这些时下颇为流行的“幸福”之谈能否实现得了，即便真的能实现，是不是这样的日子就幸福了呢？

有位朋友没买车的时候，看着人家开着私家车过来，自己却从出租车或公交车上下来，便很“狼狈”，一气之下，东拼西凑买回一辆名牌小汽车。然而，他在享受私车便捷的同时，压力也接踵而至。养路费、停车费、保养费，这费那费，还有诸如刮蹭后的修车费、跟朋友出去玩时的交际费等，一时间让他喘不过气来。本以为有车后就有幸福生活，结果却令他烦恼不堪。

可见，人们生活得是否幸福，不仅取决于物质是否充足。近几年国际学术界的研究表明，人均 GDP 达到 3000 美元到 5000 美元之后，快乐效应就开始递减。

实质上，幸福是人们对自身所具备的生存与发展条件的一种肯定性的情感体验。简而言之，它是经过努力实现了自己的目标和理想，而产生的一种愉悦情感。因而，幸福应是物质与精神的统一、客观与主观的统一、个人与社会的统一、现实与超越的统一。物质条件仅是幸福的要件之一。幸福与否，不在于拥有物质财富的多寡，“刚刚好”就是幸福。

北大的一位知名学者曾在演讲时指出：如果你想幸福，有一件事情非常简单，就是与那些不如你的人比，与比你更穷、房子更小、车子更破的人比。现在的问题是，许多人总在做相反的事。演讲中，这位学者还引述了他做过的一个调查：你是愿意自己挣 11 万元，其他人挣 20 万元，还是愿意自己挣 10 万元，而别人只挣 8 万元？结果大部分人都选择了后者。

人生的不幸福不如意，常常是因为不考虑自己的实际情况，对自己提过高要求或过分攀比所造成的。幸福不幸福，既取决于正确的价值取向，也取决于个人良好的心态。只要有阳光般明朗的人生态度，就会看花花有情，看树树可亲，看山山含笑，看水水怡人。幸福从不嫌贫爱富，也不厚此薄彼。

唐代著名禅师慧宗，经常因为弘法讲经而云游各地。一次临行前，他吩咐弟子看护好寺院的数十盆兰花。弟子们深知禅师酷爱兰花，因此侍弄兰花非常殷勤。但一天深夜，狂风大作，暴雨如注。偏巧当晚弟子们一时疏忽将兰花遗忘在户外。第二天清晨，弟子们后悔不迭：眼前倾倒的花架、破碎的花盆，棵棵兰花憔悴不堪，狼藉遍地。几天后，慧宗禅师返回寺院。弟子们忐忑不安地迎上前去，准备接受责罚。哪知慧宗禅师得知原委后却泰然自若地宽慰弟子们："当初，我不是为了生气而种兰花的。"

这个故事说明，幸福也是一种情绪，懂得控制情绪的方法，"不为生气种兰花"，走出物欲和功利的困扰，你就能站在快乐的那一边。

一般而言，幸福常常表现为"命运安吉，境遇顺遂"。而决定幸福境界高低的有二：最高境界是从工作中获得的幸福；因付出而得到的幸福，也是最高层次的幸福。山东省德州市乐陵 13 岁女孩周越，曾和其他快乐的孩子一样健康活泼，但一场白血病夺去了她的一切。由于家里无力承担几十万元的医疗费和找不到同一类型的骨髓配型，她已错过了最佳治疗时机，等待她的只能是短暂的生命历程，一朵花蕾很快就会凋谢。她说服自己的父母，决定死后把自己的遗体捐献给社会。

采访她的记者得知这一消息后都哭了，可小周越却微笑着说："我知道自己的病看不好了，我妈妈下岗了，只有爸爸一个人在上班，家里的积蓄只够十几天的口粮，是社会上的叔叔、阿姨、伯伯们为我献爱心，捐钱给我治病，我没有能力回报他们了。我死之后，一把火把尸体烧成骨灰太可惜了，把遗体捐献给国家吧！让医生能治好像我这样的病人。"

在死神步步紧逼的情况下，小周越之所以还能坦然微笑，不是她真的不怕失去这个美丽的世界，而是明知要失去也要用爱回馈社会的巨大精神力量，使小小年纪的她可以从容面对。

小周越是不幸的，谁又能说她在告别人世的那一刻不幸福？心中有爱就有幸福，奉献者常常是幸福的。这是小周越留给这个世界最后和最宝贵的一笔"遗产"。

每次加班回家，一路上我们总会看到三五成行、悠闲散步的人说笑着擦肩而过，抬头望去，家家户户都透着温暖的灯光，灯下是全家人围桌进餐的温馨画面，偶尔还传出几声笑语。顿时豁然，幸福其实很简单，从广义上讲，幸福就是有一个好的心态，得之是我幸，不得是我命，顺其自然，不必强求苛求。这样，我们就能身在福中更知福，天天快乐如意、笑口常开、幸福美满。从狭义上讲，幸福就是早晨起来的一抹微笑，是回到家时家人为你泡上的一杯热茶，是陌生的路人之间一句亲切的问候……珍惜这些或细小琐碎，或不知不觉，或淡然轻逸，甚至吵闹过后的会心一笑，幸福就会在我们的心间驻足。

笑星范伟在影片《求求你，表扬我》中的一段台词说："幸福就是我饿了，看见别人手里拿个肉包子，他就比我幸福；我冷了，看见别人穿了一件厚棉袄，他就比我幸福；我想上茅房，就一个坑，你蹲那儿了，你就比我幸福！"生活就像一根甘蔗，只要用心品尝，每一节都有它独特的甜味。

幸福是生活配备给每个人的同一装备。如果你还在烦恼和痛苦，请不要怀疑幸福的存在，只是因为你不曾珍惜，把它弄丢了。试着找一找，或许它丢的不是很远，就在触手可及的地方。那么，请弯一下腰，捡起来。

友谊因珍惜而真诚

友如作画须求淡，山似论文不喜平。

【元】翁朗夫《尚湖晚步》

每当我们清点金额不大但令人知足的存单时，心里就有一种感悟：友谊，不也是人生的一张存单吗?!

这“储蓄”是患难之中的倾囊相助，是错误路上的逆耳忠言，是跌倒时一把真诚的搀扶，是痛苦时抹去泪水的一缕春风。

它带给人们的不仅仅是理解和信任，还有智慧和力量。

马克思与恩格斯结识 40 年，一直亲密无间，十分默契，共同撰写了许多社会主义经典著作。期间，就算两人天各一方，也要通信联系，交流思想，相互支持。他们的伟大友谊成为国际共产主义运动历史上的一段佳话。

春秋时期，管仲与鲍叔牙虽然各事其主，却情同手足。后来，鲍叔牙的“上司”被立为齐桓公，于是极力推荐管仲为丞相，自己却甘居其下。正是因为有了管仲的辅佐，齐国才最终成为霸主。成功后的管仲不无感慨地说：“生我者父母，知我者鲍字也。”

鲁迅与瞿秋白相识后，彼此一见如故。鲁迅曾亲笔题写了由瞿秋白拟写的对联“人生得一知己足以，斯世当以同怀视之”赠给瞿秋白。

真诚、不带功利性，是友谊的本质特征。正因如此，友谊既可贵又“易碎”，需要每个人精心呵护和“打理”，尤其是不容掺杂一丝一毫的功利，否则，不仅得不到想要的“利息”，连“本钱”都可能丧失殆尽。

莎士比亚说：“满堂的喝彩难及知音的一滴眼泪。”只有知音才是最懂你的人。没有知音钟子期，一代琴师俞伯牙绝不会摔碎瑶琴以祭奠共鸣的灵魂；没有知音杨荫浏，盲人阿丙的《二泉映月》只能是伴着穷道士沿街卖艺的流浪曲。从这个意义上说，友谊是人生的另一缕阳光，没有人能够逃避友谊、拒绝友谊，失去友谊的生活就会变成一片荒凉的沙漠。

从前，有个年轻人骑马赶路，天时已晚，还没有寻着客店。他正着急，碰到一个老人。他在马上喊：“喂，老头儿，这儿有旅店吗？还有多远？”

老人说了声：“无礼！”“五里？”他以为不远，猛加几鞭，朝前跑去。可跑出十几里，也不见人烟。他猛然醒悟过来，拨转马头又往回赶。

他见那位老农还在路边等候，急忙下马，诚恳道歉：“老伯，请您原谅，我刚才太没礼貌了。请您告诉我，哪儿有旅店？”

老农笑了：“年轻人，知错改错就好，我也不该让你白跑路。找旅店的路口你已经错过了；如不嫌弃，今晚就到我家住吧。”年轻人满心欢喜和感激。

人字的结构就是相互支撑。上述极富哲理的故事揭示了人际交往中的一条基本规律：投桃报李。交友也是如此。友谊是一株根植于心灵沃土的大树，需要信任去浇灌，需要包容去施肥，需要真诚去护理。因而，要想赢得朋友、拥有真正的友谊，就请付出发自你内心深处的真诚。

真诚是友谊之“魂”。美国著名成功学家卡耐基说：“如果我们想交朋友，就要先为别人做事——那些需要花时间、体力、奉献才能做到的事。”不可想象，一个对朋友冷暖无动于衷的人能得到朋友的好感和尊重。关心朋友要细心，真正做到心中有对方。老单位的一个同事就有一个好习惯，总是借着问朋友是否相信生辰与个性有关，乘机问出对方的生日，并将它记在小本子上。当新年开始时，他就把朋友的生日都记在年历上。这样，每当到了朋友的生日，他就会给对方发去贺卡。正因如此，走到哪里，他的朋友总是遍天下。

尊重是友谊之“基”。人都希望自己被尊重，不希望被别人忽视、瞧不起。实际上，每个人都有他的优点，都有值得学习的长处。特别是要好的朋友，更不能轻视，更需要尊重。以前在欧洲，曾时兴过“沙龙”，也就是朋友聚会。有位夫人的沙龙办得非常出名，许多朋友都愿意参加。为什么呢？就因为这位夫人非常懂得尊重别人。每当一位朋友来时，她都会微笑着说：“我们都生怕您不来了呢！”每当朋友告辞时，她会真诚地说：“你不再坐会儿了，你真的要走吗？”显得十分难舍。这使每一位朋友都感觉到自己在女主人眼里的重要性，因此乐于与她交往。

交流是友谊之“纽”。人生一世，难免会遇到不顺心的事。此时，最需要别人的关心，需要向朋友诉说，以求得心灵的宣泄。做个真诚的听众，对朋友而言，是一份再好不过的礼物。如何倾听也有学问，不能只是被动接收，还应主动反馈，这样，对方才会觉得你是真正专心在听，就会和你更亲近。切不可在朋友倾诉时心猿意马、心不在焉，这会使对方认为你对他的倾诉已经厌倦了，不想再听下去了。因此，除非你真的不想再听了，否则就不要有那些不必要、不合适的小动作。

没有春风的吹拂，柳枝抽不出嫩芽；没有雨露的滋润，鲜花结不出硕果；没有友谊的照耀，人生的天空将失去蓝天白云的美丽。人生需要储蓄友谊。储蓄友谊，就是储蓄人生中最宝贵、最难忘、最精致的部分，储蓄至真至善的精神财富。

一个人懂得储蓄友谊，并知道如何去储蓄，实在是一种智慧与幸运。

学会工作，以清醒抵御懵懂

没有工作的人生暗淡无光；只有工作的人生暮气沉沉；善于在工作中开创幸福生活，才是美丽人生、魅力人生、智慧人生。

为理想工作才有动力

志之所向，锐兵精甲不能御也。

【三国·蜀】诸葛亮《诫外甥书》

人生始终与工作密切相伴、紧密相连。或工，或农；或用权，或经商；或干大事业，或扫马路牙子，总得干些什么。干什么工作不要紧，世上没有卑微的工作；为什么干工作必须心里有谱，否则就是“盲人骑瞎马”。而现实生活中，不少人把工作当生计，也有一些人是为了或多或少的薪水而工作，还有一些人是为了获得某种满足感而工作。尽管目的林林总总、动机不尽相同，一个不争的事实是，不少人是在为自己而工作。为自己工作有错吗？也没错。确切地说，人应当为自己的理想而工作。

理想二字，看似艰深，实则很现实。谁没有或拥有过理想？它是一个人对未来事物的想象和希望，是人生的航船和风帆，决定着走什么路，向着什么方向使劲儿。也就是说，理想是一种力量，有什么样的理想，这个力就作用于什么方向，产生什么能量。

据俄罗斯《消息报》披露，每天上午 9 时许，普京即驱车赶到办公室，开始一天繁忙而紧张的工作：批阅各种文件、看各种参考资料、阅读各大报刊的主要文章、进行多方面的会见等。这种会见一般从上午 10 时开始。正常情况下，一拨又一拨的会见直到晚上 9 时才能结束，遇有特殊情况，往往持续到翌日凌晨 1 时。俄罗斯劳动法典规定，每个公民每周为 5 天（40 个小时）工作制。但对普京来说，这只能是一种奢望。他几乎把所有时间都用于工作了。

身为大国领导人的普京深知，要总揽全局，正确决策，其中重要的一点就是必须放眼世界，时刻密切关注国内外动向。因此，他很注意看电视新闻。如果他实在抽不出时间看电视，有关工作人员便将新闻录下来，供他在下班驱车回家途中收看。

普京善于“见缝插针”，充分利用时间。往往因为时间不够，他一天都吃不上一顿完整的午饭。吃不上饭时，他就边看电视边匆匆忙忙地喝点酸奶、吃一两个苹果。如果时间充裕，他便邀请一些议员、州长或文化界人士与其共进午餐。

普京难得在家休息。在莫斯科近郊的别墅里，普京常常兴致勃勃地同有关人士开怀畅谈，直到后半夜还意犹未尽。他有超人的精力。一般人通常晚上 10 时就睡下了，而这时普京的精力才刚刚达到最旺盛的时候……

为何普京工作起来如此地拼命？他的夫人柳德米拉不经意间向记者“交了底”：“有些人拼死拼活地干是为了大把捞钱，而他玩儿命工作则是为了一种崇高理想。”

也许有人会说，普京贵为大国领导人，一言一行、一举一动关乎亿万百姓祸福，他玩儿命工作是理所当然的事。再说现实生活中“普京”毕竟是极少数，更多的人过的是更为普通的生活、从事的是更为普通的工作，有没有理想与工作何干？

这话也对也不对。一方面，理想与现实绝非“零距离”，能把理想化为现实的人毕竟是少数。另一方面，工作与理想绝不是毫不相干的“两张皮”。且不论普京的崇高理想是什么，他为理想“玩儿命”本身就印证了这样一个事实：理想绝不是一个人可有可无的点缀，而是一个人生命的动力和灵魂。没有理想这个“擎天柱”支撑着，灵魂的大厦就要坍塌，就会胡思乱想，甚至走上邪路。正如苏霍姆林斯基在《给儿子的信》中所说：“如果一个人的头上缺少一颗指路明星——理想，那他的生活将会是醉生梦死的。”

生活因为有了艺术而变得美不胜收，人生因为有了理想而能追求卓越、创造辉煌、实现自我价值与社会价值的统一。在2003年与“非典”疫情那场没有硝烟的战争中，为13亿中国人所熟知的中国工程院院士、广州医学院第一附属医院广州呼吸疾病研究所所长钟南山，一生为理想而工作的境界为此作了很好的注解。

在“非典”疫情爆发前，钟南山已经是亚太地区呼吸疾病界声名显赫的专家，但他从不满足于所谓的“功成名就”。用他的话说，“世上没有不收病人的医院，也不能有不看病人的医生，我们要最大限度地回报社会，回报国家。”这样的理想信念在他早年留学英伦时就已经奠定了。

1979年钟南山考取公派留学资格，前往英国伦敦爱丁堡大学进修。充满抱负的他刚到英国，就被浇了盆冷水。英国法律不承认中国医生的资格，导师弗兰克教授当时也不了解中国的医学，不信任钟南山，原本两年的留学时间，限制为8个月，8个月做不出什么成绩，就得卷铺盖走人。钟南山暗下决心：一定要用实际行动为中国医生、为祖国争口气！

在一次关于吸烟与健康问题的研究中，为了取得可靠的资料，钟南山让皇家医院的同事向他体内输入一氧化碳，同时不断抽血检验。当一氧化碳浓度在血液中达到15%时，同行们不约而同地叫嚷：“太危险了，赶快停止！”但他认为这样还达不到实验设计要求，咬牙坚持到血红蛋白中的一氧化碳浓度达到22%才停止。实验最终取得了满意效果，钟南山却几乎晕倒。要知道，这相当于正常人连续吸60多支香烟，还要加上抽800cc的鲜血。

钟南山舍得为工作拼命的精神，不仅使他在留学期间取得多项有分量的学术成果以及在英国权威医学杂志上发表多篇学术论文，而且让外国同行改变了对中国医生的看法。当他完成两年的学习后，爱丁堡大学和导师弗兰克教授一再盛情挽留，但钟南山说：“是祖国送我来的，祖国正需要我，我的事业在中国！”

因为向着太阳，树不断往上长才会挺拔高大；因为向往大海，河流不断向前流才会源远流长；因为有追求和奋斗的美好理想，人才能不断超越自我、完善自我、成就自我。理想是一簇火种，点燃的是拼搏进取的火焰。

理想又绝不仅是能开出美丽花朵的一粒种子，它还是一把“尺”，量出的是每个人的智慧。确立什么样的理想，要有现实基础，不能脱离客观实际。而且，通往理想的道路没有捷径可走，投机取巧得到的，迟早要丢掉。只有躬身实践，不断耕耘，勤奋工作，踏踏实实干事，用辛勤和汗水浇灌出来的成功果实，才是最甘甜、最美好的。

有哲人说，聪明人的理想如芝麻开花节节高，可以把人从地狱拉回天堂；愚笨人的理想像流水，向下流，为了理想可能从天堂跌入地狱。这句话还可以这样理解：天才没有理想会成为傻子，傻子有了理想可能成为天才。搭上理想列车的人生才能活出彩。

为事业工作才有作为

事无三不成

【清】吴承恩《西游记》

为吸引优秀人才参与学科建设和人才培养，2004 年 12 月，武汉大学以百万年薪面向全球招聘国际软件学院和生命科学学院院长。历时半年、严格的专家评审和面试后，41 岁的留美博士周怀北从众多优秀应聘学者中脱颖而出。可周怀北走马上任后，却向校方提出降薪请求。原因是他认为自己的学识和能力与百万年薪不相称。校领导起初以重金揽人才的方针不会改变为由婉拒，经周怀北再三请求，才不得不同意“让步”，仅以略高于特聘教授、每月 1 万元的待遇支付周怀北的年薪。

“将毕业的帅哥们注意啦：我们是大四优秀女孩，现有意与你们资源优势互补，以达到双赢目的。如能帮我们与你们一起解决工作问题者，请发 E-mail，有意者到时可电话联系和面谈（酬金面议，确定恋爱关系也可）。工作志愿：市场营销、广告、公关、管理等，相信我们的才华依托于你们的力量，必能互放光芒。”这则颇有“创意”的招聘广告的发布者，是北京某高校的几个女大学生。

与工作相关联的这两则“奇闻”，反映出两种人截然不同的工作态度，也引发我对工作的深深思索：究竟该以什么样的认识和态度来对待从事或即将从事的工作？

烈日下，一群工人正在铁路的路基上工作，一辆豪华列车缓缓驶来，这群工人不得不暂时放下手头的工作。火车驶到他们面前时突然停住，最后一节车厢的窗户打开，一个友善的声音从里面传出来："大卫，是你吗？"工人队长大卫回答说："是的，能看到你真高兴。"寒暄几句后，大卫就被喊他名字的人——铁路公司董事长邀请到火车上。两人谈了一个多小时后，才依依话别。

火车离开后，工人们立刻把大卫围住，对他居然是公司董事长的朋友而感到吃惊。大卫告诉工友，二十年前，他和董事长同时为铁路公司工作，并在一起工作了很长时间。有人因此半开玩笑地问大卫："那为什么你还在太阳下工作呢？"大卫意味深长地说："二十年前我为每小时 1.75 美元的工资工作，而董事长却为铁路事业工作。"

美国铁路工人大卫所讲的这番肺腑之言，形象地诠释了历史性带领中国足球队打入 2002 年韩日世界杯的前中国足球队主教练米卢"态度决定一切"的箴言：为事业或其他工作，认识和态度不同其效果必然迥异。

就工作本身而言，它是一种可以为人们提供相应或等值物质回报的职业；就人的需求来说，它又绝不仅是挣工资、养家糊口的唯一途径，还是使人取得成就、享受成就感的平台。而成就、成就感的取得又是有前提的，要求每个人必须把工作当事业来经营。若是把工作视作或等同于挣工资、为工资而工作，那就像活着只是为了吃饭一样，大大降低了工作的意义以及生命的意义。说难听点，一个人如果干什么都"认钱不认人"，给多少钱干多少工作，没有钱就什么也不干，岂不是与生孩子要看生一个孩子给多少钱、少了那钱就不生没两样？

海南青年邢少军从名牌大学毕业后，不顾亲朋好友的劝阻，自愿放弃多家单位的聘请，毅然选择回到家乡海口市环卫局的工作，与臭烘烘的垃圾打交道，而且一干就是十余年。在旁人看来，这不仅是一份苦差事，而且没有“地位”。邢少军却乐此不疲，整天与垃圾摸爬滚打，和工人们一起研究制定出推平、填埋、喷药、覆土、植绿等一系列科学、合理的垃圾卫生填埋处理程序，很短时间内使因管理混乱而被周边20多家单位联名上告，要求政府关闭的浮陵水垃圾场迅速改变了模样，连续两次在全国卫生检查评比中获得满分，受到国家建设部和国家爱委会的高度赞扬，被评为“海南省优秀共产党员”。

邢少军的经历启示我们：只有把工作融入成就个人的事业之中，才不会在工作问题上“钱途”至上，进而挑挑拣拣、朝三暮四、朝秦暮楚，也才能把思想和行动的根子深扎于自己的本职岗位，干一行、爱一行、钻一行，从而取得自己想要或预期之外的成就及成就感。

有三个泥瓦匠，一个认为自己所从事的工作就是“砌砖”，一个认为自己所从事的工作是“挣生活”，一个认为自己所从事的工作是“在建筑世界上最伟大的建筑”。第三个人最后成为了伟大的建筑师。不可否认，经济上的窘迫可能会使人做出急功近利的选择。但对于渴望有所成就的人而言，心里一定要清楚：自己工作的目的究竟是什么？自己适合做什么工作？哪个领域和岗位更能发挥自己的特长？等等，把这些问题搞清楚了之后，就应该坚定不移、脚踏实地、坚持不懈地把自己所从事的工作当事业一样去开拓。也许在开始的时候或其中的某些阶段，经济上的收益并不很令人满意，但只要精力集中、耐得住寂寞、舍得付出，就不应该为眼前暂时的利益得失所动。视工作为“做事情”只是一种解决燃眉之急的短期行为，把工作当“干事业”则是一个长期的追求，前者是在为别人做事，后者才是真正为自己而活。

孙悟空说：“我要这天，再遮不住我眼，要这地，再埋不了我心，要这众生，都明白我意！”对一个视工作为事业的人来说，没有一个地方是荒凉偏僻的，在任何环境、条件乃至逆境中，都可以看到希望、找到出路。要相信自己，今天所做的一切，都会成为明天成功的基础，这是在为自己建造一条可持续发展的轨道。如此日积月累，成功是必然的，它可能早一天来，也可能晚一天到，但无论时间早晚，它终将到来。

为享受工作才有乐趣

享用常看不如我者，则怨尤自泯。

【清】孟郊《格言联璧·持躬类》

如果有人问："人生最快乐的事是什么？"相信很多人会说："洞房花烛夜，金榜题名时。"不错，新婚燕尔，金榜题名，是中国人传统快乐观中的两大乐事，不但是乐事，也是人生的大事。但从构成快乐的要件看，它还必须具备一定的持续性、持久性，工作就属此类。享受工作带来的快乐是真正的快乐。

说工作是享受，得有依据才行。国外一家报纸曾举办一次有奖征答，题目是"在这个世界上谁最快乐？"从数以万计的答案中评选出的四个最佳答案是：作品刚完成，自己吹着口哨欣赏的艺术家；正在筑沙堡的儿童；忙碌了一天，为婴儿洗澡的妈妈；千辛万苦开刀之后，终于救了危急患者一命的医生。想想看，是不是有道理？

个例、特例也不能说明问题，工作与人生中蕴涵的辩证关系更有说服力：

其一，沉浸在对工作目标的执著追求中，置身于忙碌的工作过程里，以满腔热忱投入工作是一种磨炼。这样的磨炼本身就是一个创造和积累财富的过程，从而使人的生活更具深意，赋予生命更新的色彩。

其二，工作为人们搭建起一片属于自己的天空，能使人尽情地挥洒才智；工作搭起的人与人之间的桥梁，能让人结识更多的朋友；人们在工作中的相互沟通协作，能使各自内在的潜能得以充分发挥；在工作的探讨与争论中，能使人开阔视野，增长见识，从中体会工作的奥妙，进而享受到工作的愉悦。

其三，就算工作有时是某种原因不得不做的事情，既然不得不做，就应该用心去做，并且努力把它做到尽善尽美。这样做了，就能体会到逃避工作所不可能拥有的事业感、成就感。

其四，淡极方知艳，闲极亦需忙。身边那些忙忙碌碌、脸上洋溢着辛苦后的成就感、劳累后休息的满足感的人，无疑是幸福的人、吸引人的人、懂得享受生活的人。

其五，享受工作带来的成功与喜悦是每个人的权利。虽然责任会给人带来压力，但只要能把困难、压力变成挑战人生的动力、勇气，又何尝不是一种快乐呢？

其六，工作随着志向走，成就随着工作来。人生定位越高，奋进的动力就越大，获得的成就也就越大。把工作定位在“享受”的高度，才能不断追求高素质。素质高、能力强，无论多么艰巨复杂的工作都能轻松且高标准地完成，感到是一种享受……

想想这些或深刻或浅显的大小道理，再联系生活中有的人把工作当“副业”，认为工作既艰苦又无自由；把工作当“职业”，认为“有碗饭吃就行”；把工作当“乐趣”，认为生命与工作不能分离，将工作与快乐合二为一，既不因辛苦而抱怨，也不因困难而退缩等不同的工作心态，便有了更多的感悟：应付工作是烦恼人生，主动工作是积极人生，享受工作是境界人生。

爱与厌、苦与乐存乎一念。享受工作带来的“一念”之乐，缘自各人平衡工作心态的能力。心态决定状态，用什么样的心态想问题、干工作，就有什么样的工作姿态和精神状态。心态是精神之本，心态不一样，干工作的标准和效果就大不一样；精神是力量之源，热情高、干劲足，面对问题和困难就不会怨天尤人、坦然接受，就会感到工作有劲头，生活有奔头，随之带来的是成功和愉悦。反之，把工作当负担、当折磨，就会越干越憋气，简单的事情也会变得困难，工作再卖力气也会感到精疲力竭，随之带来的是失败和痛苦，即便成功也是“苦行僧”式的成功。

一分为二地讲，工作本身并无所谓快乐不快乐，相反，工作过程中的矛盾、困难往往会使人产生负面、消极的情绪。因此，人必须有一个愉快的工作环境才能享受到工作带来的快乐。这个环境靠集体、靠领导、靠大家共同创造，更靠个体的主观努力。

当然，平衡工作心态固然重要，如果你不投入工作、热爱工作、创造性工作也是行不通的。

投入是“激情”，投入工作就是要使工作成为自己生活的一部分，这是享受工作快乐的前提。一个进入不了工作状态、只说不干甚至偷奸耍滑的人，别说享受工作，还会丢“饭碗”。

热爱是“肥料”，热爱工作就是要喜欢本职工作，这是享受工作快乐的基本条件，一个对所从事的工作没有兴趣的人怎么能从中享受到乐趣呢?

创造性工作就是不能机械性地工作，这是享受工作的必要保证，能够获得享受的工作一定是创造性的工作。

还要善于延伸工作的快乐，能把工作中的快乐传递给他人。能与他人分享的快乐，才是高层次、高境界的大快乐。

“活着的时候请争取快乐，因为你将会死去很久。”世上若有什么美化心灵的妙方，恐非工作莫属。人在聚精会神享受工作带来的乐趣的时候，本身就是对自身人格、品行的重塑，可以给人带来精神上的安逸、心情上的舒畅、灵魂上的净化。

笑星赵本山演过一个小品，其中的一句台词我们一直记忆犹新：劳动者的笑容最美，劳动者的造型最酷。的确，享受工作带来的快乐，工作就会成为人生中最美丽的一道风景。

不过，真正的快乐不是天生遗传，也不是他人施与，而是争取来的。牛顿就讲过，“假使你要获得知识，你该下苦功；你要得到食物，你该下苦功；你要得到快乐，你也该下苦功，因为辛苦是获得一切的定律。”辛苦才不会“心苦”。想快乐，就得培养从工作中获取快乐的能力，让人生成为自己的乐园。

学会忘记，以超脱抵御消极

记性好是天分也是福分；记性太好既辛苦还“心苦”。凡事“想不透”、“放不下”的人，只有劳碌一生。

忘记烦恼是清醒

苦心殊易老，新发早年生。

【唐】方干《赠功成将》

野花不种年年开，烦恼无根日日生。谁没烦恼呢？生存就意味着烦恼，没有烦恼不成人生。

烦恼，即烦闷、苦恼。通常情况下，无所事事、百无聊赖时，人会烦恼；做不想做、不得不做的事时，人会烦恼；思想或情感得不到他人理解时，人会烦恼；身体不好时，人会烦恼；无法参与、无所作为时，人会烦恼……各种各样的烦恼充斥于工作生活的方方面面、角角落落、时时处处。

人人有烦恼，各人有各人的烦恼，往往按各自的“尺寸”量身定做。之所以会有这些烦恼，从心理学角度看动因有三条：其一，人并不完全是理性的动物，常为情绪所困扰，而困扰的原因多半源于自身，很少是由于外界因素造成的。其二，人有思考能力，但在考虑自身问题时，常常表现出心态上不平衡的倾向。对与自己息息相关的事，往往做过多的无谓思考，这是困扰自己的根源。其三，没有事实根据，单凭想象就可以形成自以为是的信念，这是人有别于其他动物的特征之一。这种无中生有的想象力过于丰富，就会使人陷入无尽的烦恼中。

除了人所固有的心理因素，烦恼主要来自主观。思虑过多、心胸不够开阔，欲求得不到满足，人都会烦恼。特别是当一个人贪欲过盛、名利心过重，欲望淹没了“屋顶”，就会陷入万劫不复的烦恼深渊。

一位科学家把未来七天内所有忧虑的“烦恼”都写下来，然后投入一个自制的“烦恼箱”里。三周后，他打开了这个“烦恼箱”，逐一核对自己写下的每项“烦恼”，发现九成的“烦恼”并未真正发生。他又将记录了自己真正“烦恼”的字条重新投入“烦恼箱”。又过了三周，他再次打开“烦恼箱”，发现大多数曾经的“烦恼”已不再是“烦恼”了。

这样的实验，这位科学家又在不同的人中重复了数百次，最终得出一个结论：一般人所忧虑的“烦恼”，40%属于过去，50%属于未来，只有10%属于现在。其中92%的“烦恼”从未发生过，剩下的8%则多是可以轻易应付的。这说明，“烦恼不寻人，人自寻烦恼”，烦恼源于自身，多半是自找的。

烦恼，自己跟自己烦恼，不用负什么法律责任，无非是自个儿不痛快、不开心、不如意；若是因为别人而烦恼或是烦恼别人，就不光是自己没劲的问题了。首先，它会成为一种可以传染的“心理感冒”，使别人也感到不高兴。其次，你的烦恼多，常常烦恼着，烦你的人就会越多，因而常常被人烦。

百病生于烦恼。美国加州大学的一个研究小组就发现，对生育过程感到忧虑的妇女与不怎么担心这方面的妇女相比，前者的排卵数量和受精卵的数量分别比后者减少了20%和19%，担心失业的妇女比不担心失业的妇女受精卵的数量减少了30%，而那些担心医疗费用的妇女则很有可能流产。

烦恼还是一种精神上的近视症、一种腐蚀剂，使人狭隘，变得小家子气。有次坐公交车，一个衣着入时的年轻女士抢先坐到我们前面的双排座椅上。随即，又上来一个肩扛大包的农村姑娘，见那位女士身边还有一个空座，便客气地对她说：“大姐，让一让行吗？”不想，那位衣着入时、满面春风的女士竟然把脸一拉：“让什么让？前边不是有座吗？干啥非得坐我这儿？”

农村姑娘脸一红，转身把脸看向窗外。事情本该过去了，那女士却不依不饶地嘟囔：“瞅你那老相，管谁叫大姐？”

不久，入时的女士要下车了。因农村姑娘是背着大包站在车的过道上，使得本不宽敞的过道更显拥挤。只见那位女士路过的时候，把身子紧紧地贴在车厢上，生怕碰到农村姑娘。结果，她那入时的女士衣服挂在了车厢的一颗螺丝钉上，“哧”的一声，扯开一道两寸来长的大口子，惹得全车人哄堂大笑……

把猫看成老鼠，你会被它吓乱神经；把刺猬看成小兔，它会竖起耳朵聆听你的笑声。烦恼就像一个大马蜂窝，没人知道它有多少个蜂巢，也没人知道哪个蜂巢大、哪个蜂巢小、哪个蜂巢里有马蜂、哪个蜂巢里的马蜂会蜇人。惹不起，还躲它不起？

有位朋友装修新家，雇了个水管工安装水管。水管工水平很高，运气却不咋样，头一天，先是因为车子的轮胎爆裂，耽误了一个小时，再就是电钻坏了，最后呢，骑来的那辆载重自行车趴了窝。

收工后，朋友打车送他回家去。到了家门前，水管工邀请同事进去坐坐。在门口，满脸晦气的水管工没有马上进去，沉默了一阵子，再伸出双手，抚摸门旁一棵小树的枝丫。待到门打开，水管工笑逐颜开，和两个孩子紧紧拥抱，再给迎上来的妻子一个响亮的吻。

从水管工家出来时，朋友按捺不住好奇心：“刚才你在门口的动作，有什么用意吗?”

水管工爽快地回答：“有，这是我的‘烦恼树’。我到外头工作，磕磕碰碰总是有的。可是烦恼不能带进门，这里头有老婆和孩子嘛。我就把它们挂在树上，让老天爷管着，明天出门再拿走。奇怪的是，第二天我到树前去，‘烦恼’大半都不见了。”

忘记烦恼，你所缺的可能只是一棵“烦恼树”。那么，栽上一棵吧！它不一定在家门前，可以是无形的，栽在心田一角；可以是有形的，在日记本上宣泄，自我化解和安慰。还有，向家人倾诉，和朋友交流。

人生的本质是选择，人生的要义在于创造。太阳每天都是新的，生活每天也应该是新的。新的风景等着我们去欣赏，新的事物等着我们去认识，新的规律等着我们去探索，新的世界等着我们去开拓。而只有热爱生活并心胸开阔的人，才能发现生活的美好，享受生活的乐趣，明白生活的真谛，才能从生活中汲取营养，进而正确面对生活，把握自己。

烦恼如同挂在脖子上的念珠，哭着也是数，不如笑着把它数完。

忘记失败是智慧

莫向落花长太息，世间何物无终尽。

【明】吕坤《呻吟语》

所谓失败，即没有达到预定的目的。比如，应该得到的没有得到，应该获得的没有获得，应该达到的没有达到，而被人漠视、轻视甚至瞧不起。

害怕失败是一种通病。谁会喜欢失败呢？且不说“屡战屡败”，会让人大伤元气，岂止是损失精力、时间和金钱。首先，失败容易使人自暴自弃，进而“破罐子破摔”，从生活的跑道上退到一边，甘做看客。其次，失败容易使人畏手畏尾，前怕狼后怕虎，失去开拓进取心。再次，失败容易使人悔恨自责，任“伤口”血流不止却不知包扎；还会使人颜面扫地，觉得不光彩、丢“面子”，却死活不肯说出“我输了”这三个字……无疑，失败是件令人头疼的烦心事。

然而，人活一世，哪有不遇到沟沟坎坎的，不管是谁，名流也好、老百姓也罢，强大也好、渺小也罢，坚强也好、懦弱也罢，谁都不可能事事如意、一帆风顺，不管你想没想到、情不情愿、承不承受得起，总会遇到某种程度的障碍，遭受这样那样的干扰，经历形形色色的失败。人为什么会失败呢？

事实上，万事万物都是有规律可循的，失败的产生也是如此，绝不会无缘无故，是有“由头”的。看看那些失败的常客，既有客观因素的制约，更多的是主观上的心智不全。有的人凡事从一己之利出发，把自己摆在第一位，不考虑国家、集体、社会和他人的利益；有的人好高骛远，过高估价自己；有的人自负自大、目空一切、刚愎自用，诸如此类，这样的人不失败才怪呢！

你是哪一种人？哪种都不是最好。但这并不等于你可以事事如意、一帆风顺，且不说世上没有“常胜将军”，就算你人品再好、事业心再强、能力素质再过硬，失败也绝不会为你绕道而行。英国首相丘吉尔小学六年级时留过级；俄罗斯文学泰斗托尔斯泰大学时因成绩太差被老师退学；爱迪生发明电灯失败了 2000 多次……失败是人所共有的“必修课”，区别仅在于程度的大与小、分量的轻与重、时间的长与久。

既然失败不可避免，就没有什么值得可怕的。一来，怕也无益；再者，怕字当头只会消磨人的意志和信心；而且，一次失败、两次失败甚至屡次失败，并不意味着天塌地陷、失去了“翻盘”的机会。因而，与其为失败垂头丧气，不如将失败抛之脑后，多往前看，勇于断掉自己的退路，就一定可以“重打锣鼓另开张”。

俗话说，受挫一次，对生活的理解就加深一层；失误一次，对人生的醒悟就增添一阶；不幸一次，对世间的认识就成熟一级；磨难一次，对成功的内涵就透彻一遍。从这个意义上说，想获得成功和幸福，想过得快乐和欢欣，首先要超越失败、不幸、挫折和痛苦。若是沉湎于失败、不幸、挫折和痛苦中不可自拔，甚至总是想着“回去的路”，这样做的结果只会给自己的成功挖掘“坟墓”。

生活中许多事实告诉我们，忘记失败才能超越失败。那么，怎么忘记呢？经济学中关于沉没成本的概念颇能给人以启迪。

所谓沉没成本，即当一项业已发生的成本，无论如何努力也无法收回的时候，这种成本就构成了沉没成本。面对这种无法收回的沉没成本，明智的投资者通常会视为没有发生。举个例子来说，你花了10块钱买了一张电影票，准备晚上去电影院看电影，不想临出门时天空突然下起了大雨。这时你该怎么办？如果你执意要去，你不仅要来回打车，增加额外的支出，而且还可能面临着被大雨淋透、发烧感冒的风险，这样要发生吃药打针的成本费用。在这种情况下，也许你的明智选择是不去看这场电影了。

沉没成本的例子在我们身边可以说比比皆是。听人说过这样一件事：有一个老人特别喜欢收集字画，一旦碰到心爱的字画，无论花多少钱都要想方设法地买下来。一天，他在古旧市场上发现了一件向往已久的古画，花了很高的价钱把它买了下来。他把这个宝贝绑在自行车后座上，兴高采烈地骑车回家。谁知由于古画绑得不牢靠，在途中从自行车后座上滑落下来以后被撕乱了。

照常人的想法，这位老人的心爱之物弄坏了，一定会很伤心，搞不好还会捶胸顿足，扼腕痛惜。而事实并非如此。这位老人听到古画滑落的响声后居然连头也没回继续向前骑车。这时，路边有热心人对他大声喊道："老人家，你的字画掉下来撕乱了！"老人仍然是头也没回地说："是吗？听声音一定是撕碎了，那就不要了！"不一会儿，老人的背影就消失在了茫茫人海中。

有人把自己看做是生活的主角；有人把自己看做是生活的配角；有人把自己看做是生活的观众；而不屈服命运的强者，

却把自己看做生活的编导。人生路上，由于受年龄、学历、经历、阅历，以及其他不可抗力的外在因素制约，每个人都可能在某些时候、某个阶段做了一些无可挽回的错事，走了一些难以避免的弯路，经历了一些难以承受的挫折和失败，如果善于利用沉没成本的概念来认识和看待这些“不可承受之重”，以积极乐观的心态正视它的存在，以永远向前的姿态迎接生活的挑战，就能及时从失败的痛楚中摆脱出来，另起一行，重新开始，为自己赢得一种新的、更为积极的人生！

自己把自己说服了，是一种理智的胜利；自己被自己感动了，是一种心灵的升华；自己把自己征服了，是一种人生的成功。而大凡说服了、感动了、征服了自己的人，就有力量征服一切挫折、痛苦和不幸。

人的一生像茶树，不断伤害才能慢慢长大；人生的精彩不在于永不摔跤，而在于屡仆屡起。

忘记得失是开阔

得其所利，必虑其所害；

得其所成，必顾其所败。

【汉】刘向《说苑·敬慎》

每个人都会算账。商人做生意要算盈亏账，农民种地要算收成账，工人干活要算奖金账，百姓过日子要算收支账，连不挣钱的孩子逢年过节也要盘点盘点自己的储蓄罐。大小“算盘”拨来划去，算的多是“得失账”。

得与失是贯穿人一生的课题，事关各人的切身利益，谁也离不开得与失的纠缠，谁也逃不脱得与失的侵袭，谁也回避不了得与失的选择，人生注定是要在得失中轮回的。

得，就是得到；失，就是失去。二者并没有明显的界线，所谓“祸兮福之所倚，福兮祸之所伏”，得中有失，失中有得，有得就有失，有失必有得，互为关联，互为因果。正因如此，常人很难一眼看穿事物中包藏的是与非、祸与福、利与弊。

有次与朋友一起去公园钓鱼，由于钓的人多，鱼儿也变得聪明了，不轻易咬鱼饵，苦坐两个多小时连一条小鱼都没钓上。好在我们耐性不错，终于等到鱼儿咬钩的时刻。当我们兴高采烈地将鱼儿拉出水面，却发现那是条不允许钓的胖头鱼。就在我们倍觉扫兴、稍一犹疑时，那条上钩的鱼儿突然挣断钩线，游向水中央。好不容易钓到的鱼跑了，还带跑了我们的钩线、浮标，心里虽有些惋惜，可想到跑的是条不允许钓的大头鱼，也就没把它放在心上。原本在旁边看热闹的另一位朋友看我们“手臭”，非要“试试手气”，令人吃惊的是，当我们把钓竿交给他后不过半小时，他的鱼篓里赫然放着我昨天被鱼儿拉走的鱼线及浮标，更令人懊恼的是，鱼线的那一头还连着一条足有七八斤重的草鱼！原来，那条被我们放跑的“漏网之鱼”根本不是什么胖头鱼。

这次钓鱼经历使我们悟出一个道理：福有福源，祸有祸根。收获了成功，便没有了失败的焦头烂额；实现了理想，便没有了寒夜中的徘徊。得，无疑是幸福的。诺贝尔经济学奖获得者、美国人萨缪尔森就曾讲：“幸福等于所得到的、所期望得到的。”意即一个人得到的越多就越幸福，反之，期望得到的越多就越不幸福，因为世上只有从来没有得到的东西才永远不会失去，一旦有了得，必定会有所失。

海南省建材工业总公司原副总经理符某，在任昌江县委书记兼县长期间，其父病故，符大办丧事 7 天，“斩获”2.4 万元。另一个姓孟的“公仆”，在任职乡党委书记、乡镇企业局局长期间大肆贪污，所“获”甚丰，被检察机关起诉后，他四处“活动”，反倒得到了上司的赏识，竟然摇身一变，堂而皇之地坐上了检察院副检察长兼反贪局局长的宝座上，得失之间的戏法变得好不精彩！可“福兮祸之所伏”绝不是谎言，符某后来背上了党内行政警告处分，孟某则被戴上了镣铐。得成了失，福成了祸。

失，不管是失落、失意，还是失利、失败，都会给人以打击，带来痛苦，甚至产生莫大的悲哀。面对着“失”，谁都是痛苦的。但如果换一种思维方式，得其实不是得，得到之后也会失去；失也不谓之失，反而会因此带来更大的得。失去了朦胧沉静的月夜，便获得了普照四方的光芒；失去了纯洁无瑕的童心，便得到了人之生命的孟春。大千世界，谁也无法预知未来，凡事并非一成不变，“祸兮福之所倚”也是真理。

古时候有个老者名叫塞翁，他的一匹马丢了，邻居说你真倒霉，老者回答，是好是坏还不知道呢；不久丢失的马领着一匹野马回来了，邻居说，你太幸运了，多了一匹马。老者回答，是好是坏还不知道呢；儿子骑野马，从马上摔下来，腿摔断了，邻居说，你真倒霉，就这么一个儿子，腿还断了。老者回答，是好是坏还不知道呢；过了一段时间，皇帝征兵，胳膊腿齐全的年轻人都在战场上被打死了，老者的儿子却因腿断了未被征兵而得以保全性命。

如此看来，是得还是失，是福还是祸，是利还是弊，心不可不明，眼不可不亮，耳不可不聪，道不可不正，理不可不顺。心明、眼亮、耳聪、道正、理顺，缘自各人的得失观，就看一个人面对得失时是不是有一个良好的心态，学会忘记得失，坦然地面对得失——得之不喜，失之不泣，是一个人从痛苦走向幸福的一块跳板，也是一个人从低谷走向高峰的秘诀。

在一辆飞速行驶的列车上，一位旅客刚买的新鞋不慎从窗口掉下去一只，众人无不为之惋惜，不料该旅客毅然把剩下的那只也扔了下去。众人大惑不解，该旅客却坦然一笑：“鞋无论多么昂贵，剩下一只对我来说就没有什么用处了。把它扔下去就可能让拣到的人得到一双新鞋，说不定他还能穿呢。”这位旅客看似反常的举动说明，人生不会总是失去，也不会总是得到，有失有得是一种规律，坦然地面对得失，才不会为得失所困扰。

尽管有得必有失的道理人所共知，但人们总是习惯于得到而害怕失去，得到了便可喜可贺，失去了则可惜可叹。每有所失，总要难受一阵，甚至为之痛苦。患得患失的结果，搞不好就会被得失的辩证法给讽刺了。

28 岁的男青年程某在长沙市芙蓉路某大厦应聘时，收到一条手机短信，短信称其中了 500 万大奖。生活境况不佳、正在四处找工作的程某看过短信后欣喜若狂，大声叫着“中了，中奖了!”随后便一头栽倒在地，两眼发直，四肢抽搐。周围的人立即拨打 120，长沙市医疗急救中心医务人员迅速赶到现场，发现程某已进入濒死状态，急救人员一边抢救一边将其送往长沙市一医院。等送达医院时，程某早已停止呼吸。

人生如爬坡，得失是道“卡”。能不能过好“得失关”，考量的是一个人的人生观、价值观、利益观。

忘记昨天是理智

时过不可还。

【汉】王修《诫子书》

生活中，有些人对“如果”颇为钟情。喜欢说些“如果过去这样做，就能怎样怎样；如果过去那么办，就能怎样怎样”之类的话，言语中充满对自己的怨艾、惋惜和自责，有的甚至终日为过去的错误而悔恨，为过去的失误而惋惜。当一个人沉溺于“过去”不可自拔，就会情绪焦虑、低落、萎靡不振，进而因埋怨和痛恨自己的“无能”而丧失自信心和进取心。每当遇到这样的人、听到类似的话，总会想起纽约中学教师保罗博士给他的学生上过的一堂课。

一天，保罗在实验室里讲课，他先把一瓶牛奶放在桌上，沉默不语。学生们不明白这瓶牛奶和所学的课程有什么关系，只是静静地坐着，望着老师。保罗忽然站了起来，一巴掌把那瓶牛奶打翻在水槽中，同时大喊了一句：“不要为打翻的牛奶哭泣。”然后他叫学生们围绕到水槽前仔细看一看，“我希望你们永远记住这个道理，牛奶已经淌光了，不论你怎么样后悔和抱怨，都没有办法取回一滴。你们要是事先想一想，加以预防，那瓶牛奶还可以保住，可是现在晚了，我们现在所能做到的，就是把它忘记，然后注意下一件事。”

“不要为打翻的牛奶哭泣”警醒我们，过去的已经过去，历史如“黄河之水天上来，奔流到海不复回”，不论有多么值得回忆和怀念，它都像沉船一样沉入了海底，成为“过去式”，无法复制，无法还原，更不可能从头改写。为这样一张过了期的“船票”哀伤、遗憾，除了劳心费神，分散精力，百无一利。

然而，忘记昨天谈何容易；越不想忘记越要学会忘记。就算你的昨天曾经很辉煌，甚至现在还能分享到它的余光，但沉醉不可勉强，更不可忘乎所以，甚至躺在耀眼的光环上睡大觉。因为，过多地陷进和沉湎于过去，只会模糊你超越自我的双眼，羁绊你迈向成功的脚步。就算你的昨天曾经败而又败，刻骨铭心，但跌倒后唯一可做的是选择坚强，爬起来，而不是让“我失败了”充盈于自己的头脑。因为，陷入失败的旋涡不可自拔，只会使你的信心丧失殆尽。就算你的昨天曾经快乐如风，但想笑也要懂得克制。因为，动不动就“偷着乐”，即便没有人笑你“冒傻气”，这样的快乐也是低质量的循环。就算你的昨天曾经愁肠百结，生活的天空至今仍然阴云密布，总不时地想抱头痛哭，不是不可以，哭笑由人，但伤感也应有度，因为重复忧伤伤肝伤脾，于事无补，得不偿失。

还有这样那样的如意人、如意事，不如意人、不如意事，下岗，被老板炒鱿鱼，评职称少了一票，经商赔钱，诸如此类，林林总总，不一而足，都可能珍藏在你的昨天，如意也好，不如意也罢，你可以也有必要总结经验得失，自我陶醉和自怨自艾则显多余。

英国前首相劳合·乔治有一个习惯——随手关上身后的门。有一天，乔治和朋友在院子里散步，他们每经过一扇门，乔治总是随手把门关上。“你有必要把这些门关上吗？”朋友很是纳闷儿。“当然有必要”，乔治微笑着对朋友说，“我这一生都在关我身后的门。你知道，这是必须做的事。当你关门的时候，也将过去的一切留在后面，不管是美好的成就，还是让人懊恼的失误。然后，你才可以重新开始。”

所以，对昨天这张过了期的“船票”，可以收藏，可以欣赏，沉湎其中则只会弊多利少，不如忘掉；忘记它，才能把心思用在如何握住有限的今天上。

“今天”是现在，是成功的起点，是摆在面前的“现金”，实实在在，伸手可及，忽略今天，就等于挥霍美丽的现在，就等于放弃成功的起点。因为，今天虽然看得见、摸得着、触手可及，却是有限的，既短暂，又易逝，不会为你有些许停留，即便将相王侯也无法让它多停留一分一秒。如果不懂得好好把握，“日复一日”地把今天应该学到的知识和应该干的事情都留到明天，甚至“脚踩西瓜皮——滑到哪里算哪里”，只怕你的人生会了无收获、“万事成蹉跎”，留下“朝看水东流，暮看日西坠”的遗憾。

抓紧今天，就是珍惜今天；珍惜今天，就把握住了成功的一半。珍惜今天就要珍惜一分一秒的时间，如列宁所说：“赢得时间就赢得了一切。”利用好今天的 86400 秒，特别是零碎时间，就能让成功的种子吸取更多的养分。尽量减少不必要的干扰，不让时间白白溜走，就能阻挡住你浪费今天的脚步；找出自己最佳利用的时间点，就能让你的今天不断增值。播种今天吧，谁今天播下种子，明天他就能在田地里采集秧苗！

今天是昨天的继续，“明天”是今天的未来；今天不可错过，明天更需好好设计。而只有忘记昨天，才能站在今天的肩膀上更好地畅想明天，设计未来。

也许你会说：“未来是一笔不能取现的存款”；还会说：“早

着呢，急啥呀?”听起来有理，其实不然。因为明天的到来不会以任何人的意志为转移，无法推迟、阻挡它滴滴答答的脚步。所以必须赶早，“早起的鸟儿有虫吃”，赶早才能跟上趟，赶早才不会错失明天可能得到的机遇。

昨天可能你是成功者，今天你可能也是成功者，但昨天或今天的成功不可能永远继续。事物总是呈螺旋式上升、波浪式发展的，人也一样，顺与不顺、成与败总是相伴相生，互为因果，起伏不定。当“甑已破矣”，你“顾之何益”？不管过去、今天怎样，成功也好，失败也罢，在享受成功的喜悦或者失败的煎熬时，切不可有骄娇二气，更不可垂头丧气、愁眉不展，而应把眼光放远，就如下棋，能走一步看三步者方是高手。吃着“碗”里的今天，看着“锅”里的明天，这样才能使成功更进一步，也才能将失败远远抛在身后。

人多半是被自己打败的。虽然人的一生会遇到许多难事、愁事、坏事，但只要信念在，你的灵魂就永远不会孤寂。再说，人生长也不过“三天”：昨天，今天，明天。短短“三天”，环环相扣，紧紧相连，“谁”也得罪不起。牢牢把握住这人生宝贵的“三天”，就必须走出过去，掌控现在，握紧未来！如此，你的事业、生活才能天天有风景、日日有收成！

忘记对手是高明

不念旧恶，怨是用希。

【春秋】《论语·公冶长》

一般而言，对手相当于“敌手”，这种处处与自己作对的人怎么能忘记呢？换个角度想想，兴许你还会感谢对手呢！

在秀丽的日本北海道盛产一种味道极为鲜美的鳗鱼，海边渔村的许多渔民都以捕捞鳗鱼为生。然而这种珍贵鳗鱼的生命却特别脆弱，它一旦离开深海便容易死去，为此渔民们捕回的鳗鱼往往都是死的。

在村子里，却有一位老渔民天天出海捕鳗，返回岸边后他的鳗鱼总是活蹦乱跳，几无死的。而与之一起出海的其他渔户纵是使尽招数，回岸依旧是一船死鳗鱼。因为鳗鱼活的少，自然就奇货可居起来，活鳗鱼的价格也是死鳗鱼的几倍。于是同样的几年工夫，老渔民成了当时有名的富翁，其他的渔民却只能维持简单的温饱。

时间长了，渔村甚至开始传言老渔民有某种魔力，让鳗鱼保持生命。

就在老渔民临终前，他决定把秘诀公之于众。其实老渔民并没什么魔力，他使鳗鱼不死的方法非常简单，就是在捕捞上的鳗鱼中，再加入几条叫狗鱼的杂鱼。狗鱼非但不是鳗鱼的同类，而且是鳗鱼的“死对头”。几条势单力薄的狗鱼在面对众多的“对手”时，便惊慌失措地在鳗鱼堆里四处乱窜，由此却激发了鳗鱼们旺盛的斗志，一船死气沉沉的鳗鱼就这样给激活了。

无独有偶，在秘鲁国家级森林公园，生活着一只青年美洲虎。为了很好地保护这只珍稀的老虎，秘鲁人在公园中专门辟出一块近20平方公里的森林作为虎园。

虎园里森林茂密，百草芳菲，沟壑纵横，流水潺潺，关有成群人工饲养的牛、羊、鹿、兔供老虎尽情享用。可奇怪的是，从未有人见过美洲虎捕捉那些专门为它预备的“活食”，也从没有人看见它王者之气十足地纵横于雄山大川，啸傲于莽莽丛林，只是耷拉着脑袋，睡了吃，吃了睡，一副无精打采的熊样。

一天，一位动物行为学家到森林公园来参观，见美洲虎那副懒洋洋的样儿，便对管理员说，老虎是森林之王，在他所生活的环境中，不能只放上一群整天只知道吃草，不知道猎杀的动物。这么大一片虎园，即使不放进去几只狼，至少也应放上几只豺狗，否则，美洲虎无论如何也提不起精神来。

管理员听从了动物行为学家的意见，不久便从别的动物园引入了几只美洲豹投放进虎园。这一招果然奏效，自从美洲豹来到虎园，这只美洲虎就再也躺不住了，每天不是站在高高的山顶愤怒地咆哮，就是有如飓风般俯冲下岗，或者在丛林的边缘地带警觉地巡视和游荡，成了这片广阔的虎园里真正意义上的森林之王。

你看，鳗鱼所以长久保持生命的鲜活，就因为有了狗鱼这样的对手；美洲虎所以重新成为真正意义上的森林之王，也是因为有了美洲豹这样的对手。同样的道理，生活中出现几个冤家对手、一些压力或磨难，的确不是坏事。有句俗语叫“蚌病生珠”，意思是说，一粒沙子嵌入蚌的体内后，它会分泌出一种物质来疗伤，时间长了，便会逐渐形成一颗晶莹的珍珠。正因为生活中处处有对手存在，人才不会甘于平庸、失去斗志和进取心。

不幸的是，现实生活中，多数人对对手的态度往往是避之唯恐不及，甚至视之为眼中钉、肉中刺，欲除之而后快。这也不难理解，谁愿意与不喜欢的人交往呢？

但生活不是真空，人不可能以自己的意志为转移，事事遂心只是一厢情愿，总会因这样那样一些“麻烦制造者”，也就是说对手给你的事业和生活添“堵”。比如你正在家里熬夜加班，偏偏隔壁的邻居把电视机声音开得很大，让你心乱如麻，又干着急、奈何不得。再如你为了在仕途上有所发展和进步，工作卖力拼命，偏偏有人四处传播一些关于你的不实流言，让你心血耗尽，愿望成空。还有，诸如锅碗瓢盆之类鸡毛蒜皮的小事，使得你和亲人、朋友产生隔膜，甚至吵闹得不可开交。这些人、这些事，都会令你心生不快，乃至忍无可忍。

就算忍无可忍，这种烦恼也是必须而必要的。一方面，人的社会性决定了人不可能脱离社会单独存在。马克思说过，人的本质是社会关系的总和，谁都不可能离群索居。另一方面，“人上一百，形形色色”，你能改变自己但无法改变别人。生活中什么人都有，除了亲人、知己和朋友，还有猥琐小人和各种意料不到的对手。

既然逃不脱、躲不过，不如忘记他们——那些给你的工作生活带来麻烦的对手；去发现和拥有一个真正的对手——不是逞强斗狠的老粗，而是良性竞争的伙伴。这种真正而强劲的对手，会让你时刻有种危机四伏的感觉，激发起你更旺盛的精神和斗志，逼着你不得不奋发图强，逼着你不得不革故鼎新，逼着你不得不锐意进取，以避免被吞并、被替代、被淘汰。

一位老人坐在一个小镇郊外的马路边。有一位陌生人开车来到老人面前。陌生人下车问老人：“请问先生，住在这个小镇上怎么样？我正打算搬来住呢。”老人看了一下陌生人，反问道：“你要离开的那个地方的人怎么样？”陌生人回答：“不好，都是些不三不四的人，住在那里没有快乐可言，因此我打算到这儿来住。”老人叹口气，说：“哦！住在那里的都是非常好的人。我在那里度过了一段美好的时光，但我正在寻找一个更有利于工作发展的小镇。我舍不得离开那个地方，但是我不得不寻找更好的发展前途。”老人面露笑容，继续说：“你很幸运。居住在这里的人是跟你原来的地方一样好的人，你将会喜欢他们，他们也会喜欢你的。”

拗口的故事印证了这样一句人生箴言：“你想寻找敌人，就会找到敌人；你想寻找朋友，就会找到朋友。”对手是客观存在的，关键在你对待对手的心态：是积极还是消极，是主动还是被动，是宽容还是狭隘。

人生警示我们，生活中充满着矛盾，但不用怕，有什么可担心的呢？给自己找一个真正的对手，并且学会感激他，因为他的出现，他的存在，他给你出的一道道人生难题，在给你制造麻烦和困难的同时，也磨砺了你的心志，使你变得更坚强，更能抗压。这样，无论遇到什么样的波折，什么样的风风雨雨，你也会是那条鲜活的“鳗鱼”、那只威风凛凛的“美洲虎”。

学会处世，以宽厚抵御功利

“学好数理化，走到哪里都不怕。”说的是用知识武装头脑的重要性。处世做人同样是门学问。要想得人心、结人缘、聚人气，德行始终是一生的“功课”。

守“信用”方显人格

诚信相接，如坐人春风中。

【清】王卓《今世说》

听朋友讲过一件趣事：有天傍晚，他和爱人散步到小区的后门，看到一个高个子男孩对一个约莫四五岁的矮个子男孩说，你是哨兵，我是班长，这是“弹药库”（垃圾桶），你站着不许动，等我去那边“侦察”一下再来换你。说完，高个子男孩一阵风地跑了，留下矮个子男孩听话地立在“弹药库”前一动不动。

一分钟过去了，又一分钟过去了，天渐渐黑了下来，却迟迟不见“班长”来换班。或许是玩累了，或许是又饿又怕，矮个子男孩站在那里既惊慌又无措，就是没有离开的意思。

朋友和他爱人开始还抿着嘴兴味盎然地窃笑，时间一长，看小家伙可怜巴巴的样，不禁动了恻隐之心，可不管他们左劝右拽，矮个子男孩就是不挪窝儿。

朋友当时穿着军装，于是灵机一动，对矮个子男孩说：“哨兵同志，我是上尉连长，我命令你离开岗位。”小男孩这才高兴地说：“是，长官！”说完，小屁股一扭一扭地朝一幢家属楼跑去。

“人无忠信，不可立于世”。人这一辈子不容易，有顺利时，也会遭受曲折，而要活得大器，活得透明，活得不屈于人、不惑于物，经得起风摇雨撼，经得起时间检验，避免烦恼的纠缠，使心理和生理始终处于一个健康的状态，堂堂正正立于天地之间，少不得一块立身的基石——诚信。

诚实守信是中华民族的传统美德。诚实即忠诚老实，言行一致，不虚荣虚伪，实事求是；守信是指恪守信义，履行承诺，言而有信。古往今来，人们公认“人之交，信为本”，与仁义礼智一起并称为五德，是一个人的基本素养和起码的道德良知，是做人做事须臾不能放弃的原则。诚实守信的人，说话就有人听、有人信，犹如一张无声而沉甸甸的名片，走到哪里都受人欢迎；反之，不仅会使人与人相互不信任，久而久之，还会因为信义的缺损而给他人留下“撒谎”、“骗人”等不好的印象。这样的人，不仅说话的分量大打折扣，即便有时说真话，人们也会以怀疑的眼光来审视。若是事处危急、需要救援时，不但不可能赢得援手，还可能招致他人的冷眼。“狼来了”的故事，说的就是这个道理。

古时济阳有个富商，过河时人随船沉，所幸随手抓住了一大捆麻秆。就在这时，一位打渔人闻讯赶来，慢慢向他靠近。富商大喜，对打渔人说：“我是大富翁，如果你救我，就送给你百两黄金。”但被救上岸后，他仅给了打渔人十两金子。又一天，该富商再次乘船遇险，恰好碰上那位打渔人。有人劝打渔人救救落水的富商，打渔人却把嘴巴一撇，没好气地答道：“他言而无信，我才懒得搭理！”于是停船不动，直至富商淹死在水中。

人，大都有两面性，但不能做两面人。做人做事离不开诚信，从政为官更不能缺少诚信。所谓“得黄金百斤，不如得季布一诺。”有职有权的人，要是有了季布这样高的信誉，那这笔“无形资产”的价值就远远超过了百斤黄金。

62岁的宋先钦是湖南省辰溪县后塘瑶族乡莲花村党支部书记。1978年加入中国共产党，是该村20世纪80年代初第一个万元户。1984年村里党支部换届，宋先钦高票当选村支部书记。他带领村民们修路、开山、种果树，村里的面貌开始慢慢发生变化。

1990年7月，一个福建老板通过乡政府的引荐来到村里，经研究村里决定办瓷砖厂，向信用社和村民集资筹借了18万元，因上当受骗，办厂亏了，欠下了18万多元债务。大家哭成一片，宋先钦站起来说，我是村支部书记，我应该负责，所有欠款，包括村民的集资款，都由我一个人来还，绝不向村民摊一分一厘。

宋先钦这句顶天立地的豪言，一下子把全家人推入了公债私还的漫漫苦旅。他先是变卖了家里一切可以换成钱的东西，接着大儿子宋成林也把生意红火的录像厅也卖掉了，建起一个小型砖厂。从此，一家人开始不分日夜地围着砖厂艰辛劳作。

为了加快还钱的步伐，宋家开始发展养殖业。宋成林离妻别子，远赴珠海打工。他只留下每天基本的伙食费，然后每月把钱寄给父亲，6年时间里他靠搬货物给父亲寄回了56000元。

一边不分日夜地劳作，一边省吃俭用，宋先钦号召全家人要从牙缝里挤出每一分钱。一次，宋先钦从6米多高的窑顶摔了下来，他苏醒后说的第一句话便是"我可不能死，我死了那些债怎么办呢！"

村民们为宋先钦执著的还债举动感动了，自发来到宋家的砖厂做义务工，但宋先钦坚决给他们支付工资，"要是这样，我这不是变相赖账了吗？"后来，老百姓只要一打听到哪里有购砖的信息，就马上与宋先钦联系。

1995年，县里决定把宋先钦提拔为副乡长，但宋先钦婉言谢绝了："我的责任现在还是还债，我绝不能失信，要是当了副乡长，几十万元的债务就泡汤了。”

2001 年 12 月 28 日，是宋先钦喜极而泣的日子。宋先钦将凑来的 2800 元钱分成两份，一笔 2000 元，一笔 800 元，穿过纷纷扬扬的大雪，分别送到村民涂莲花和宋文荣手中，这是他的最后两笔债务。至此，经过全家人 10 年矢志不移的奋斗，宋先钦终于还清了所有债务。连本带息共计 304600 元!

一本本账簿，一摞摞收条，记载着宋先钦一家的艰辛困苦，也记载着宋先钦撼天动地的诚信。2003 年，捍卫诚信的村官宋先钦成为中央电视台“感动中国”人物候选人。

《论语·为政》说得好：“人而无信，不知其可也。”一个人可以家徒四壁，可以无权无势，可以没有才智，但不能无德——诚信。诚信是做人的底蕴，人生有了这碗“酒”垫底，什么样的“酒”都能对付：做人，大大方方；做事，顺顺当当；做官，坦坦荡荡。

信则取人，宽则得众。讲诚信，就要言行一致、不做不说，不能还没做就胡说乱说瞎说，也不能做了一点就大肆宣扬、掺杂使假；立言力行、说了就做，不能说归说、做归做，说得多、做得少，说得到、做不到，更不能从说的那一刻起，就压根儿没打算去做，拿人“开涮”；真做、做就做好，“唯尽善尽美”，舍得为“第一”拼命，不能敷衍塞责，应付别人；还要有容人容事之心，是非鲜明、敢做敢为。

诚信是无价的，也是每个人可以通过后天努力获得的人格瑰宝。从小事做起，从一言一行做起，恪守信义，人人都可以成为诚实守信、受人欢迎的人。

肯“付出”方显品德

面前的田地要放得宽，使人无不平之叹；

身后的惠泽要流得长，使人有不匮之思。

【明】洪应明《菜根谭》

前些年，家里买了把打气筒，院子里的人都来借，好心的外婆干脆把打气筒放在家门口，任随邻居使用。日久天长，院子里的人都习惯了，当车没气就会来拿去打气，用后又自觉放回。

可前不久，那用旧了的打气筒不翼而飞，不知被谁偷走了。家里人为此感叹起当今社会人与人之间的关系日渐淡漠，提议今后买回的新打气筒不能再放在门外“无偿服务”了。善良的外婆当然不会同意：“小小打气筒值几个钱，大家图个方便才来借用，是看得起我们。”

不久，一把崭新的打气筒又放到家门口。院子里的人们仍像以前那样喜欢来借用，用完了，又自觉放回。

那天夜晚，外婆的心脏病突然发作。父母正出差在外，我惊慌得不知所措，急匆匆敲开邻居李阿姨家的门，李阿姨提醒我马上给急救中心打电话。家中没电话，我一下子想到大院门口那糖烟店的公用电话，就飞快地跑过去拨打。店主见我满脸紧张，随口问我是哪一家出事，我慌慌而答：“一幢一单元一号。”店主眼睛陡然一亮，急急地问：“是不是门前放着打气筒的那家?”我点点头。“你快回去照顾你外婆，我帮你多拨几次。”店主说。

没几分钟，救护车呼啸着停在家门前。院子里的许多人都从屋里探出头来，想打听一下三更半夜谁家出了事。

“谁家有病号?”楼上一位大伯在向下询问。“是门前放着打气筒的那家老太太。”我听见是店主在高声回答，随即，家门口站满了人。

“是什么急病，严重吗?要不要帮忙?”邻居在热心地探问，没等我回答，氧气瓶、医药用品、医疗器械等抢救物品一件件地被左邻右舍从救护车上搬下，又搬进了屋。那些面孔有熟悉的，有陌生的，有见过面又从未打过招呼的。我说：“大家还是回去休息吧，让我自己来。”话音未落，我手中的脸盆又被邻居抢走：“别说这么多，救人要紧。”“你家里人心地好，我们帮这点忙不算什么。”“老太太是个大好人，我不管怎样也要帮这个忙。”听着邻居们发自内心的话语，我的眼前一片模糊……

这篇从《家庭主妇报》上剪贴下来的文章，每看一次都会令我们心潮难平，思绪起伏。为什么一把小小的打气筒，却能为主人赢得左邻右舍的厚重回馈?我们想，那就是不以得利为目的的付出之后的回报。

付出是一种舍弃，更是一种宽阔的胸襟，因而它也是一种无私忘我的爱。它有时是有形的，有时是无形的，更多的时候则体现了一个人对人生的态度，即把爱别人等同于爱自己，把奉献爱心作为人生的一种大义、追求和享受，表现的是一种发自内心的善良和仁爱。这样的爱，无疑是人生的大境界，自然会赢得大收获。

被誉为“深山信使”的马班乡邮递员王顺友，在四川那人烟稀少的大山里整整走了20年，用他的一颗爱心为老百姓服务，克服了常人难以想象的困难，赢得了乡亲们的信任和爱戴。2005年，他作为一名中国邮递员走上了瑞士伯尔尼万国邮联的讲台，成了万国邮联成立以来第一位被邀请演讲的最基层、最普通的邮递员。他是凭着一颗为仁爱之心走向世界的。

“爱人者，人恒爱之。”这正是付出的价值和魅力所在。然而，人生“取”固费力，“舍”亦大难。在现实生活中，有的人只管自己吃饱吃好，不愿他人嘴上留香，更有甚者，宁可把东西扔进垃圾桶，也不愿好了别人；还有的不要说舍得付出，在死盯自己那“一亩三分地”收成的同时，还紧盯着别人不算“暖和”的口袋。这些人，把索取看得比什么都重，把付出当成是“冒傻气”，自以为聪明地躲在角落里偷笑，自我满足。殊不知，要收获，必先付出。一个不懂得付出的人，即使小有所获，也不可能赢得人生的大丰年。

有个盲人手提灯笼走在漆黑的街道上，迎面过来一个熟识的朋友。朋友奇怪地问他：“你的眼睛又看不见东西，为什么提着灯笼走路呀?”盲人回答说：“我提着灯笼不是为了给自己照路，我知道这里的夜路很黑，我打着灯笼是为了让其他人能看到我们要走的路。光明对我而言是很重要，但是将光明带给别人同样重要。”

让我们牢记“舍得付出是福”的道理，像这位可敬的盲人那样，从心灵深处为别人点亮一盏照路的明灯。哪怕可能因此失去既有的利益，甚至因此而被人挖苦、嘲笑乃至怨恨。因为，如果所有的人都能为别人点亮一盏灯，那么整个世界将充满光明。

一天，一片竹林被天火烧着。这时，一只小鸟飞到河边，弄湿了翅膀，然后飞回到火场上空，将翅膀上的水滴下来，希望熄灭大火。它一次又一次地去取水灭火，天上的诸神非常惊讶，他们叫来了这只小鸟，问它："你为什么这么做？你要知道，这些水滴是不可能扑灭大火的！"小鸟回答说："竹林给了我许多，我非常爱它。我出生在这里，这里是我的家，就算我不能扑灭大火，我也要不断地洒下爱的水滴，直到死去。"

点一盏心灯，从一点一滴的小付出做起，多为别人谋福。我们生活的社会大家园，固然会有这样那样一些不和谐的音符，但毕竟爱多于恨，没有无法调和的矛盾。爱他人就是爱自己，像那只小鸟一样，哪怕为别人付出一滴水，聚集起来终会汇成一条爱的大河。

听人讲过这样一个故事：桌上有三个苹果，吃了一个，佛祖问他的弟子还有几个苹果，弟子回答还有两个。佛祖摇头，其实有三个呢，两个在外面一个在里面，佛祖指指肚子。老师接着一语道破了它的含义：付出是另一种形式的得到。

当然，我们都是凡人，要达到把爱无条件兼及他人与环境的至纯之境，确实不大容易，因为人难免会有些私心。然而，无论"利己心"走得多远，有善念相伴，你都会是一个好人。

有哲人说："当一个人付出的东西没有得到相应的物质回报时，必定可以得到等值的精神愉悦。"如果你追求精神的富有，请一定牢记"舍得付出是福"的道理。

装“糊涂”方显境界

尽聪明底是尽昏愚，尽木讷底是智慧。

【明】吕坤《呻吟语》

一家保险公司为方便顾客，在营业厅特设一免费电话，结果，一些压根儿没打算上保险的“精明人”纷纷涌进该公司，拿起电话打个没完。

某城市新建一公共绿地，为防止不自觉的市民破坏小草，专门立了块“严禁踩踏”的警示牌，谁知，不到三天就被人踩出一条“方便小道”。

……

生活中，类似的人和事还有很多。为什么这些人不自觉，视社会公德为无物？原因只有一个：怕吃亏、贪小便宜，亦即钻空子、耍小聪明。

耳闻目睹这些“精明人”的“精明事”，不禁想起这样一个故事：一位住在山中茅屋修行的老禅师，这天在夜色中到林中散步，借着皎洁的月光发现小偷钻进自己的茅屋。老禅师怕惊动小偷，就站在门口等，因为他知道小偷不可能找到任何值钱的东西。果然，一无所获的小偷懊丧地推开门正想离去，迎面撞上久等多时的老禅师。见小偷惊讶不已，老禅师说：“你走老远的山路来探望我，总不能让你空手而回呀！夜凉了，你带着这件衣服走吧！”说着，老禅师把身上的衣服脱下来披在小偷身上。小偷既惊奇又尴尬，低头溜走了。

生意场上，有句名言：不能赔本赚吆喝。谁要是做倒贴本的买卖，那他准是脑子进水了。这么看来，老禅师未免“糊涂”得可爱。糊涂吗？其实不然。明朝人陈继儒说得好：做人有十分，其中七分应是“正经”——头脑清楚地活着，还应有三分是“痴呆”——冒点儿“傻气”，不那么精明，这可以“防死”。事实也是如此。因为人人都有趋利的本性，你吃点亏，让别人得利，就能最大限度地调动别人的积极性，从而使你的事业兴旺发达。

有位砂石老板，一没文化，二没“背景”，但生意却做得出奇的好，而且历经多年，长盛不衰。说起来他的秘诀很简单，就是与每个合作者分利时，他都只拿小头，把大头让给对方。如此一来，凡是与他合作过一次的人，都愿意与他继续合作，而且还会介绍一些朋友，再扩大到朋友的朋友，也都成了他的客户。大家都说他好，因为他只拿小头，但所有人的小头集中起来，就成了最大的大头，他才是真正的赢家。

此事说明，吃小亏就是占大便宜。这不是鼓励人们去吃亏，去做“二百五”，人当然是越聪明越好，不然哪会有科技发明、社会进步？而是说，在日常生活中，要聪明而不能耍小聪明，或者说不妨“糊涂”一些，难得糊涂也是大智慧。比如在与人交往时，不能总打自己的小算盘，吃不得一点亏；在为公家办事时，不能自作聪明，假公济私；在个人、家庭遇到各种各样的困难时，不能死钻“牛角尖”。否则，太过追求聪明，只能适得其反，贻害无穷。

周瑜在东吴以聪明过人而闻名。他七岁学兵法，人称将才；赤壁火烧连营，使曹操的八十万大军无处埋葬。正因为他太聪明，所以无法忍受自己的失败。在“孙刘联合，共拒曹兵”之际，周瑜不满诸葛亮处处胜自己一筹，几次想加害他，但均未得手，气得不行。赤壁大战，周瑜损兵折将，费粮赊财，却让诸葛亮拣了现成，得了荆州，气得他“大叫一声，金疮迸裂”。之后，周瑜又用美人计骗刘备去东吴，结果被诸葛亮将计就计，“赔了夫人又折兵”，又把他气了个“大叫一声，金疮迸裂”。后来，周瑜想用“假道伐虢”之计谋取荆州，却被诸葛亮识破，更是把他气得够呛，仰天长叹道：“既生瑜，何生亮！”连叫数声而亡。

世事就是如此，愚蠢与聪明从来就没有绝对的标准。这二者转化的关键就在于从相反的角度去看待，去思考这个问题——“占便宜”的人吃了什么亏，在一交易总量一定的情况下，他有得必有失，而你有失必有得。得失之间找回平衡，积累经验，这就是人生的得失智慧。

有对夫妻，12 岁的儿子摔伤了腿，他们远在乡下的母亲听说后，就抓了两只鸭子，进城来看她的宝贝孙子。

小男孩其实并无大恙，只受了些皮肉之苦，这对夫妻的老母亲住了三天就赶回了乡下。

面对那两只嘎嘎乱叫的鸭子，丈夫对妻子说：“你把它杀了吧，咱们炖了吃。”其妻面有难色：“要杀你去杀，我才不摆弄它们呢！”

于是丈夫唤来食堂的老张：“张师傅，麻烦你把这两只鸭子拎去喂着吧，兴许还能下蛋哩！”

其妻得知后十分生气：“你疯了还是傻了，这鸭子是母亲的一片心意，你怎么能送给别人呢？”

丈夫说：“我看老张日子过得挺紧巴，就——”

……

一天傍晚，张师傅来到这对夫妻家里，手里拎着一个塑料篮，上面盖着一条白毛巾。进门后，他把篮子放到地板上，掀起毛巾说："恭喜您啊！我把您送我的鸭子拎回去后，喂了些残羹剩饭，第二天就开始下蛋了！"妻子喜出望外："是吗?"张师傅毕恭毕敬地说："您数一数，有60枚哩！"

以后的每一个月末，这对夫妻家都能准时收到老张家送来的60枚鸭蛋。

腊月初十，是这对夫妻老母亲的生日，他们带了儿子，提了一篮子个头大分量足的鸭蛋，回乡下为老母亲贺寿。

老母亲欣喜万分，说："你们领着孩子来热闹热闹就得了，还买鸭蛋干啥?"妻子说："妈，这鸭蛋还是您上次拎去的鸭子下的呢！"老母亲笑着说："你们甭骗我了，那次我拎去的是两只公鸭子！"

……

古人云："人而不呆，不可以与友；人而不痴，亦不可与友；人而呆痴，以其有深爱也；人而不呆不痴，则无其深爱也。情之最浓者，为痴，一片痴情，往往感天动地。""糊涂"一点，不去为自己的那一点点私利而动歪脑筋、要小聪明，不在乎一时的得失而吃点小亏，你会发现，当你将阳光投射给别人之后，会有更多的阳光折射给你。

第一次看海的时候，一位朋友面对潮涨潮落，看俊男靓女在水中嬉戏，突然冒出这样一句堪称经典的感叹："当潮水退下去的时候，马上可以看到谁没有穿衣服。"借用一下，是聪明还是糊涂，自己心里有数，别人看得更清楚。

要“面子”方显尊严

面折其过，退称其美。

【清】申居郧《西岩赘语》

常言道：“人为一口气，佛为一炷香”。中国人“爱面子”，这一点举世闻名。不能“不给面子”，不能“扯破脸”，更不能“颜面扫地”。据中国青年报社会调查中心调查，只有7%的人不太注重面子问题。

从社会心理学的角度来看，“面子”是指个人在社会上有所成就而获得的社会地位或声望，往往代表着体面、人格甚至尊严。因而，对于“面子”，只要“爱”得恰当，“爱”得自尊，不但不是什么见不得人的丑事，还是一个人有上进心的体现。但凡事过犹不及，若是为了自己的“面子”不顾及别人的“面子”，奚落、挖苦甚至伤害别人的人格，那就不是“丑事”所能打发得了的。特别是当你有损自尊心极强的人的“面子”时，可能谁的“面子”也保不住了。

魏征是唐代有名的贤臣。一次上朝，魏征当着朝臣的面向唐太宗提意见，顶得他面红耳赤，大丢脸面。但因唐太宗事前曾吩咐大臣“事有得失，毋惜尽言”，所以当堂不好发作。但退朝之后，他怒气冲冲地嚷道：“总有一天我要杀了这个乡巴佬！”长孙皇后问他要杀谁，唐太宗说：“魏征常常在朝廷羞辱我。”皇后闻言大惊，因为她深知唐太宗脾气不好，有过因不听大臣劝谏而杀人的事。想到这，她急中生智，用“当庭恭贺”的办法使唐太宗突然醒悟，免了魏征的死罪。

亏得唐太宗英明，有胸怀，有气量；亏得长孙皇后脑筋转得快，想出这么个替魏征说情的好办法；也亏得唐太宗对魏征比较信任和了解，否则的话，魏老大人早就身首异处。

古往今来，既然“面子”哲学深入人心，人人难以逃脱，最好的办法是既能保住自己的“面子”，又不损别人的“面子”。这样，才不会为了自己的“面子”而有损于别人的“面子”，也不会因为别人丢了“面子”而让自己没了“面子”。而要两全其美，首先要学会给别人足够的“面子”。如何给别人“面子”，不仅是处世之道，也是一门学问。

戒自我，才能双方有“面子”。

人人都有尊严和自尊心，无论他有职无职，有钱无钱，如果有人公然让他下不来台，无疑是件很丢“面子”的事。正如一位哲学家所说：“人们都喜欢喜欢他的人，人们都不喜欢不喜欢他的人。”你损了别人的尊严，如果他肚量大，兴许“大人不计小人过”，一笑而过。可要是碰到气量小、心胸狭窄的人，你就不会这么幸运了。要么对方大发雷霆，要么事后怀恨在心，采取种种手法以牙还牙，结果冤冤相报，双方都没“面子”，都不痛快，都受损失。

所以，做人处事须以尊重别人的尊严为前提，多想他人的好处，少揪他人的“小辫子”，特别是在公共场合，更应谨慎从事。因为，自尊心受到伤害是最伤人感情的，它不仅触动了人最为敏感的心灵地带，还挫伤了“人之所以为之”的信条，是人际交往中的大忌。只有懂得高看别人，别人才会高看你；敬别人一尺，别人才会还你一丈；事事、时时尊重别人，别人才会尊重你。

当然，也不能"见风使舵"，做"老好人"、当"和事佬"，尤其是在原则问题面前，还得"一是一二是二"，和不得"稀泥"。

戒生硬，才能双方有"面子"。

特别是在和领导的交往中，出主意也好，提建议也好，绝不可草率了事，甚至"一竿子捅到底"。因为，你不给自己也不给领导留余地，既容易让领导没"面子"，又容易使自己失去转圜的空间。委婉舒缓的方式更容易让人接受。

一次，李达因为湖北省鄂城县门口"人有多大胆，地有多大产"的标语和毛泽东展开了激烈的辩论，而辩论的开场白却是从请教开始的。

李达问毛泽东："润之，'人有多大胆，地有多大产'这句话通不通？"

毛泽东说："这个口号同一切事物一样也有两重性。一重性不好理解，一重性是讲可以发挥人的主观能动性。"

李达紧紧追问道："你的时间有限，我的时间有限，你说这句口号有两重性，实际上是肯定这口号是不是？"

毛泽东则反问道："肯定怎样？否定又怎样？"

李达说："肯定就是认为人的主观能动性是无限大。人的主观能动性的发挥离不开一定的条件。我虽然没有当过兵，没有长征，但是我相信，一个人要拼命，可以'以一当十'。但一夫当关，万夫莫开，是要有地形作条件的。人的主观能动性不是无限大的。现在的人胆子太大了。润之，现在不是胆子太小，你不要火上加油，否则是一场灾难。"

李达接着说道："你脑子发热，达到 39 度高烧，下面就会烧到 41 度、42 度。这样中国人民就要遭大灾难，你承认不承认？"

后来，毛泽东主动承认了自己的不对，他说："这是我的错。过去我写的文章提倡洗涮唯心精神，可是这次我自己就没有洗涮唯心精神。"他还表扬李达说："你在理论界跟鲁迅一样。""你是理论界的鲁迅。"

戒直白，才能双方有"面子"。

春秋时期，齐景公放荡无度，喜欢玩鸟打猎，并派专人烛邹管鸟。一天，鸟全都飞跑了，齐景公大怒，下令斩杀烛邹。

大臣晏子闻讯赶到后，看到齐景公正处在气头上，怒不可遏，便请求齐景公允许他在众人之前尽数烛邹的罪状，好让他死个明白，以服众人之心。齐景公答应了。

晏子便对着烛邹怒目而视，大声地斥责道："烛邹，你为君王管鸟，却把鸟丢了，这是你的第一大罪状；你使君王为了几只鸟儿而杀人，这是你的第二大罪状；你使诸侯听了这件事，责备大王重鸟轻人，这是你的第三条罪状。以此三罪，你是死有余辜。"说完，晏子请求齐景公把烛邹杀掉。

晏子的"言外之意"，使齐景公转怒为愧，挥手说："不杀！不杀！我已明白你的指教了！"

晏子之所以能做到提意见既不让齐景公丢"面子"又虚心接受，主要是他懂得维护他人"面子"的艺术。想想看，如果晏子"实话实说"，一股脑把自己的想法端出来，结局恐怕是另一个样子。

一位知名学者在《人性的弱点》一书中指出：每个人都会犯错误，每个人也都有自尊心，有些问题可以不必采取直接批评的方法。说话做事前，不妨想想这位学者的建议，懂得顾全别人的"面子"，相信撕破脸面的事一定不会发生。

会“说话”方显操守

心要有城池，口要有门户。

有城池则不出，有门户则不纵。

【明】吕坤《呻吟语》

“说话”是人际沟通的工具，也是传承人类文明的桥梁。人必须会说话；并非人人都会说话。

有对小夫妻，常因“说话”得罪人。一天，邻居死了个小孩，来请这家男人去掩埋。这家男人对邻居说：“死了几个？死了一个我就背，若是两个我好准备扁担挑。”邻居一气之下走了。这家女人觉得很不好，便上门赔礼：“大哥大嫂不要生气，怪我男人不会说话，以后你家再死了孩子，千万不要找他埋了。”

张先生和侯先生是好朋友。一日，张先生到侯先生家做客，碰巧侯先生不在。他的妻子对张先生说：“您贵姓。”“我姓张。”“是弓长张，还是立早章？”“弓长张。”张先生回家后对自己的妻子把侯先生的妻子大大夸赞了一番。张妻很是不服。又一天，侯先生到张先生家拜访。张先生也不在，张妻问侯先生“您贵姓？”“免贵姓侯。”“您是公猴，还是母猴？”

这两个笑话说明，一个人受不受人欢迎，会不会说话至关重要。会说话的人，别人听起来受用，自己也心情愉悦。反之，不会说话的人，往往不能把话说到“点子”上、说到恰当处，既不悦人也不悦己，惹人烦不说，还影响人际交往。

有这样一位朋友，见另外一个同事的脸上有几个麻点，便笑话他“脸上的麻子似水坑”。第一次，那位同事只是尴尬地一笑了之，哪知这位朋友却乐此不疲，见面就拿他脸上的麻子寻开心，终于有一天，那位同事急了，只差动起手来。

“蚊虫遭扇打，只为嘴伤人”。之所以有些人不会说话，出言不逊，出言不慎，关键在嘴巴缺个“把门”的。而那些未经思考就脱口而出的话，不但不能悦人悦己，还会成为人生路上的绊脚石。

有个人因愤怒和同事争论而深感自责，于是向好友诉说自己的悲伤和挫折，问怎样才能弥补自己的过失。好友让他绕着小镇走一圈，在家家户户门前的台阶上放羽毛，然后第二天早上再一一收回。第二天，这个人仍然愁眉苦脸地找到好友诉苦：“昨天晚上我按你说的做了，可是今天早上我回收羽毛的时候，连一根也找不到。”好友微微一笑：“一出口它就飞了，再也收不回来了。”

非洲有句古谚语：“因脚趾绊倒总比因舌头绊倒要好些。”嘴边无门，嘴里无德，看似小之又小的小节，影响的却是一个人的人格道德，而做人的信誉一旦失去，便“再也收不回来了”。因为说话而不是工作失误遭受如此巨大的损失，实在得不偿失。

你是否被舌头绊倒过？是也不用太过愁闷。从现在开始，谨记“一出口就飞了”的教训，时刻不忘给自己的嘴巴留个“把门”的，就一定不会有“再也收不回来”的遗憾。

不把自己的得意强加于人，才不会被舌头绊倒。特别是对失意者，如果你正得意，事事遂心，盼什么来什么，干什么成什么，要你不高兴、不得意、不表露出来，既不合情理，也不太容易做到。但高兴、得意要有度，不能把自己的得意强加给别人，尤其是心情糟糕、事事窝火的人。如果你不分场合和对象，总是以自我为主，不顾及别人的感受，非要大谈特谈自己的得意事，有意无意中很可能会伤害到别人。因此，当一个人有了得意事，不管是工作还是生活上的好事、乐事，切不可在失意者的面前肆无忌惮地谈论。如果你不知道别人正在失意中，那也就算了；如果你知道，嘴边一定要留个“把门”的。

不把别人逼到“墙角”，才不会被舌头绊倒。也就是说，言谈举止要得体、得当，不能咄咄逼人，不给对方留“后路”。一位哲学家说得好：“尊重别人是抬高自己的最佳途径。”在日常交往中，无论你谈话的对象是谁，都应力求让对方有谦和的感觉，不要总是露出一副逼人之态，更不能言语带气，甚至埋怨、贬损他人。

不偏向离轨，才不会被舌头绊倒。对一些你自己都一知半解、似懂非懂的话题，以及可能涉及他人隐私、名誉的话题，少说为佳，不说为妙。因为这样的话题不仅不会给你和别人带来收益，反而给人留下虚荣、浅薄的坏印象。所以，与人交流一定要正确把握好话题，至少要做到“六个不说”：不说自己说不清楚的事；不说能说清楚也不能说清楚的事；不说对方不感兴趣的事；不扯东家长、西家短的“野棉花”；不说不传言之无物、捕风捉影的流言蜚语；不谈不传他人的隐私。

不以贬低别人来抬高自己，才不会被舌头绊倒。人人都希望“冒尖”，被他人敬服敬重，但不能借话语贬低别人达到抬高自己的目的。因为，人人都有自尊，用别人的短处衬托自己，既显不出你的高大，还会让人生厌，甚至引发不必要的误会和矛盾。

曾经有个朋友，看别人上班去得早，他便说：“这么积极干啥，先进不一定轮上你。”别人工作出了点小纰漏，他又说：“世上还有你这么笨的人，早点退休算了。”别人工作细致认真，他还说：“世上只有傻瓜才这样认真。”总之，无论别人做了什么，他都会想方设法、拐弯抹角地贬损别人，希望借此表明自己的高明。正因如此，他经常和别的同事发生争吵。渐渐地，大家都对他避之唯恐不及，没有一个人和他“好”。

善“来事”方显明智

处事以智，不如守正。

【清】申居郧《西岩赘语》

中国有句俗话，叫“三分知识，七分人情”，即一个人的成功，三分靠知识，七分靠做人处世的能力。善“来事”，就是做人处世能力的重要表现。

何谓善“来事”？说白了，就是会处关系。而提起“关系”，大家都很反感，因为它常常与钻营投机、阿谀拍马等贬义词联系在一起。但此关系不是彼“关系”，而是指人际间的正常交往。

之所以要把人际关系作为一个议题提出来，是因为它在工作生活中占有非常重要的位置。俗话说：“一个篱笆三个桩，一个好汉三个帮”、“多个朋友多条路”。如果人际关系恶劣，就会在工作和生活中处处碰壁，从而让沮丧和失败包围你。

北京工商大学信息工程学院女硕士研究生王某，学习成绩一直很优秀，是父母的骄傲，深得宠爱。然而，在研究生生活的最后一年，因与所在宿舍另一个系的同学赵某不和，在打开水时，故意将盛满开水的暖瓶砸向赵某，致其脸部、颈部 2 度烫伤。经法医鉴定，赵某的伤情构成轻微伤害。公安机关据此做出对王某处以拘留 14 天的治安处罚决定。

事发后，据王某的老师和同学介绍，她走到今天这一步，主要是不会恰当处理与老师、同学的关系。比如，不注意与老师、同学之间的沟通，说话做事时“火药味”较浓。虽然老师和同学经常善意提醒，但她在说话和行为方式上仍然没有太大的改变，最终在如何协调和处理与同学的关系这个问题上栽了跟头，不仅使自己的锦绣前程受到影响，也给同学赵某以及双方父母带来意想不到的痛苦。

相反，那些懂得如何处好关系的人，不仅会使自己拥有一个良好的人际环境，还有助于事业成功。即便在其他方面能力弱一点，也能够有所弥补。

拿刘备来说，本事虽不大，却有一个最大的长处，就是善于处关系。正因为这方面的“特长”突出，才有了以后的“桃园结义”、“三顾茅庐”。特别是当他三顾茅庐去请诸葛亮出山时，就表现得非常诚恳和恭敬。尽管前两次去都扑了空，而第三次去时恰逢诸葛亮正在睡午觉。为不惊扰诸葛亮休息，他恭恭敬敬地站在台阶下等候。此时张飞忍不住了，要去屋后放把火，把诸葛亮惊醒，被刘备及时阻止了。一番诚心与苦心，终于打动了诸葛亮，使他下决心与刘备共创大业，“鞠躬尽瘁，死而后已”。

可见，善不善于处关系，不仅事关人际关系的好坏，还关系到一个人的事业兴衰成败。

在现实生活中，也有这样一些人，书看得很多，道理懂得不少，就是处理不好与他人的关系，人际关系紧张，矛盾冲突不断，不仅让周围的人感到别扭，自己也很难受。究其原因，除了主、客观环境以及心理因素的影响，还与他们性格上的弱点有关。

有的人自视甚高，觉得处处胜过他人，说话做事往往居高临下、盛气凌人，甚至以贬损他人为快事。

有的人看自己是一朵花，看别人是豆腐渣，总把责任归咎于他人，有时明知自己理亏，也不肯低头认错。

有的人虚伪，从不说真话，让人猜不透，说起话来还装腔作势，明明是在攻击他人，还假装在帮助他人；明明是自己在做某件伤天害理的事，还装出在维护真理的样子。

有的人不够宽容，对他人的要求总是严严的、高高的，总希望他人按自己的想法、意图去行事，若不然，就会感到难受，甚至指责别人。

……

上述人等，因为性格上的种种缺陷，很容易导致与他人的关系紧张，自然与人处不好关系。

当然，人无完人，是人都会有这样那样的缺点和不足，所谓"人非圣贤，孰能无过"？有缺点和不足没关系，只要及时改正影响人际交往的一些坏毛病，人人都能拥有良好的人际关系。

替人着想，就会受人欢迎。有个老人带着儿子去和一帮猎手打鸟。儿子很走运，率先打下了两只。儿子高兴地喊道："我打下了两只！我打下了两只！"这时老人对儿子说："你应该说'有两只打下来了'，而不要说'我怎么怎么'。"这位老人就是要提醒儿子，在与人共事时，要谦虚谨慎，不要只想着突出自己而忽视了别人的感受，应该多为别人着想。因为，世界上并不是因为有你的存在最重要，他人也与你一样重要。

关心他人，就会受人欢迎。正像自己需要别人的关心一样，别人——你的朋友、同事、上司、下级、顾客，以至陌生的路人，也需要关心关爱。对别人的冷暖无动于衷的人，肯定无法得到别人的帮助和好感。关心他人要真诚、要细心，要真正的心中有对方。而且，你真诚关心别人，别人也会关心你，在你困难时还会助你一臂之力。春秋时，赵宣子见有个人躺在桑树下，因为饥饿，站都站不起来。赵宣子就给了他一些食物。那人拜谢收下了，却不吃。赵宣子很奇怪，问他为何不吃？那人答道，要留给家里的老母亲吃。赵宣子赞赏这人的孝心，就给了他一大块牛肉和一些钱。两年后，晋灵公派了一批刺客追杀赵宣子。一刺客追上赵宣子，照面后，惊奇道："竟然是您，请让我为您代死吧！"赵宣子问："义士何姓?"刺客说："我就是您救过的桑下饿人。"说完，转身与追来的刺客搏斗而死，赵宣子于是得以逃脱。

多一点微笑，就会受人欢迎。如果你希望让别人高兴见到你、与你相处，那你就要高兴见到别人。无法想象你一脸的"旧社会"、做出一幅好像别人欠了你二百吊钱的表情，别人还会乐意和你来往。而微笑，自然的发自内心的微笑，是在向对方表示："我很高兴见到你"、"我愿意和你交往"。微笑表达着欢愉、欣赏，是加固人际关系的积极因素；微笑有一种亲和力，能够拉近你同对方的距离。即使是你在向对方发泄不满，你的微笑也能使他情绪缓和下来。

后　记

对于写书，我们一直心存敬畏。一来，“码字儿”是个苦差事，点灯熬油，劳心费神；再者，即便能把字儿“码”出“大侠”金庸先生的水平，也不过是他老人家笑称的“码字匠”。我们之所以跟自己“叫劲”，挤占原本就很有限的休息时间来“码”这本书，源于十多年前我们在山西一起工作时，从报刊上看到过一篇分析失败者共性特征的文章，其中一个重要特征是“不能正确认识自己”。那时我们在想，正确认识自己在人生中真有那么重要吗？真正深化对这个问题的认识，是近几年看到、听到社会上和生活中一些人的成功经、失败史，进一步引发了我们的思考：人生充满矛盾，人生伴随着挫折，人生中一个接着一个问题需要作出回答，人生之路永远不会一帆风顺，关键在于每个人要学会认识自己，能够正确认识自己，有时要和自己过不去，更多的是要善待自己，宽慰自己，激励自己，战胜自己，真正做到笑对人生，享受美好人生。

事实正是如此。虽然每个人生下来都是原创和独一无二的，但有的虽一开始被众人看好，长着长着却长成了“赝品”，或是事业无成，生活不甚如意；有的虽然不事张扬，也没有所谓的背景，历经自己的努力奋斗，却事业顺达，生活美满，成为令人羡慕的“明星”。仅就失败者的原因和教训分析，并不是因为他们缺乏远大目标，也不是因为他们的智商和情商不高，而是因为内心不够强大，自我调适能力不强，人生航向把握不够好，以至于在追逐梦想的道路上磕磕绊绊，甚至摔得鼻青脸肿。

实现理想与现实的对接，认识自己是必修课、“敲门砖”。世上最难打开的往往是心门，最难走的往往是心路，最难过的往往是心桥，最难调整的往往是心态，进而最难干的工程往往是改造人内心世界的心灵工程。学会正确认识自己，说到底就是改造自己的内心世界。

改变环境和他人事倍功半，而改变自己事半功倍。很多时候，我们会遇到不能改变的人和事，但我们可以通过改变自己心灵的重量，进而改变自己的人生处境。这个过程也许很长，苦、辣、酸、甜、咸兼有，却是最管用和有效的，并且不会伤及任何物和人。

时光可以优雅地老去，人生不可以蹉跎虚度。“如果真的不能改变冬天，就要学会取火。”借用一位哲人说过的话：若要走好人生之路，拥有幸福美好生活，先从认识和改变自己开始。这是一笔最好的投资。

作　者

2012 年冬于北京